“十二五”国家重点出版物出版规划项目

图解畜禽标准化规模养殖系列丛书

蛋鸡标准化规模养殖图册

朱　庆　主编

中国农业出版社

内容简介

本书图文并茂地介绍蛋鸡标准化规模养殖全过程的关键技术环节和要点，包括蛋鸡场选址与建设、蛋鸡的品种与繁殖技术、蛋鸡的饲料与日粮配制、蛋鸡的饲养管理技术规范、蛋鸡常见疾病诊治、蛋鸡场环境卫生与粪污处理、蛋鸡场经营管理等内容，文中收录的图片和插图生动、逼真，文字简练、通俗、富有趣味，图解技术规范、标准、易懂易学，适合蛋鸡场及相关技术人员参考。

丛书编委会

本书编委会

主　　编　朱　庆

副主编　张克英　崔恒敏

编写人员　（按姓氏笔画排序）

丁雪梅　王　彦　尹华东　白世平　朱　庆

杜晓惠　李英伦　张克英　岳　华　郑　萍

赵小玲　崔恒敏　彭　西　曾秋凤

总　序

我国畜牧业近几十年得到了长足的发展和取得了突出的成就，为国民经济建设和人民生活水平提高发挥了重要的支撑作用。目前，我国畜牧业正处于由传统畜牧业向现代畜牧业转型的关键时期，畜牧生产方式必须发生根本的变革。在新的发展形势下，尚存在一些影响发展的制约因素，主要表现在畜禽规模化程度不高，标准化生产体系不健全，疫病防治制度不规范，安全生产和环境控制的压力加大。主要原因在于现代科学技术的推广应用还不够广泛和深入，从业者的科技意识和技术水平尚待提高，这就需要科技工作者为广大养殖企业和农户提供更加浅显易懂、便于推广使用的科普读物。

《图解畜禽标准化规模养殖系列丛书》的编写出版，正是适应我国现代畜牧业发展和广大养殖户的需要，针对畜禽生产中存在的问题，对猪、蛋鸡、肉鸡、奶牛、肉牛、山羊、绵羊、兔、鸭、鹅等10种畜禽的标准化生产，以图文并茂的方式介绍了标准化规模养殖全过程、产品加工、经营管理的关键技术环节和要点。丛书内容十分丰富，包括畜禽养殖场选址与设计、畜禽品种与繁殖技术、饲料与日粮配制、饲养管理、环境卫生与控制、常见疾病诊治与防疫、畜禽屠宰与产品加工、畜禽养殖场经营管理等内容。

本套丛书具有鲜明的特点：一是顺应“十二五”规划要求，引领产业发展。本套丛书以标准化和规模化为着力点，对促进我国畜牧业生产方式的转变，加快构建现代产业体系，推动产业转型升级，深入推进畜牧业标准化、规模化、产业化发展具有重要意义。二是组织了实力雄厚的创作队伍，创作团队由国内知名专家学者组成，其中主要包括大专院校和科研院所的专家、教授，国家现代农业产业技术体系的岗位科学家和骨干成员、养殖企业的技术骨干，他们长期在教学和畜禽生产一线工作，具有扎实的专业理论知识和实践经验。三是立意新颖，用图解的方式完整解析畜禽生产全产业链的关键技术，突出标准化和规模化特色，从专业、规范、标准化的角度介绍国内外的畜禽养殖最新实用技术成果和标准化生产技术规程。四是写作手法创新，突出原创，用作者自己原创的照片、线条图、卡通图等多种形式，辅助以诙谐幽默的大众化语言来讲述畜禽标准化规模养殖以及产品加工过程中的关键技术环节和要求，以及经营理念。文中收录的图片和插图生动、直观、科学、准确，文字简练、易懂、富有趣味性，具有一看就懂、一学即会的实用特点。适合养殖场及相关技术人员培训、学习和参考。

本套丛书的出版发行，必将对加快我国畜禽生产的规模化和标准化进程起到重要的助推作用，为现代畜牧业的持续、健康发展产生重要的影响。

中国工程院院士
中国畜牧兽医学会理事长
华中农业大学教授
陈焕春

2012年10月8日

编者的话

近年来，随着我国居民生活水平不断提高，消费者对肉、蛋、奶等畜禽产品的数量和质量提出了更高的要求。国家高度重视现代畜牧业生产，出台各类帮扶政策，组建现代农业产业技术体系，使我国肉类、禽蛋产量连续多年稳居世界第一。然而，我国畜牧业正处于由传统畜牧业向现代畜牧业转型的关键时期，在畜牧业高速发展和规模扩张的同时，也带来了一些不容忽视的问题，如养殖设施不齐备、饲养管理不规范、良种良繁率不高、饲料配方科学化和疾病防疫制度化程度不高、粪污无害化处理普及率低，从而导致了畜禽病多、淘汰率高、单产低、环境污染日趋加重、畜禽产品安全隐患突出、养殖综合效益低等系列问题。随着我国工业化、城镇化的快速发展，农村劳动力转移，散养农户逐步退出，规模化养殖场逐步增加。因此，要有效解决现代畜牧业面临的诸多问题，必须转变养殖观念、加大先进技术的集成应用力度，提升现代科技水平，实现畜禽规模养殖的科学化和标准化。

长期以来，我国动物营养、育种繁殖、疫病防控、食品加工等专业人才培养滞后于实际生产发展的需要，养殖场从业人员的文化程度和专业水平普遍偏低。虽然近年来出版的有关畜禽养殖生产的书籍不断增多，但是养殖场的经营者和技术人员难以有效理解书籍中过多和繁杂的理论知识并用于指导生产实践。为了促进和提高我国畜禽标准化规模养殖水平、普及标准化规模养殖技术，出版让畜禽养殖从业者看得懂、用得上、效果好的专业书籍十分必要。2009年，编委会部分成员率先编写出版了《奶牛标准化规模养殖图册》，获得读者广泛认可，在此基础上，我们组织了四川农业大学、中国农业大学、中国农业科学院北京畜牧兽医研究所、山东农业大学、山东省农业科学院畜牧兽医研究所、华中农业大学、四川省畜牧科学研究院、新疆畜牧科学院以及相关养殖企业等多家单位的长期在教学和生产一线工作的教授和专家，针对畜禽养殖存在的共性问题，编写了《图解畜禽标准化规模养殖系列丛书》，期望能对畜禽养殖者提供帮助，并逐步推进我国畜禽养殖科学化、标准化和规模化。

该丛书包括猪、蛋鸡、肉鸡、奶牛、肉牛、山羊、绵羊、兔、鸭、鹅等10个分册，是目前国内首套以图片系统、直观描述畜禽标准化养殖的系列丛书，可操作性和实用性强。然而，由于时间和经验有限，书中难免存在不足之处，希望广大同行、畜禽养殖户朋友提出宝贵意见，以期在再版中改进。

编委会

2012年9月

前　言

我国蛋鸡生产持续保持良好的发展势头，禽蛋产量连续多年居世界第一。随着蛋鸡产业发展要求的不断提高，目前尚存在一些影响和制约蛋鸡生产的因素，尤其是蛋鸡生产方式还主要是以农户小规模传统养殖为主，规模化、标准化程度低，给生产带来了诸多问题，导致生产效率不高。因此，在我国蛋鸡业处于转型的关键时期，要解决现代蛋鸡业面临的问题，必须进一步加强现代养殖技术的推广应用，推进蛋鸡生产的规模化和标准化。

本图册着眼于生产实际，从直观、明了出发，以大量图片结合少量文字，介绍现代蛋鸡生产技术，达到让从业者看得懂、用得上、效果好的目的。图册编委会组织了一批长期在教学和生产一线的教授和专家以及中青年学者，编写了本书，期望能对蛋鸡养殖者提供帮助，为推进我国蛋鸡养殖科学化、标准化和规模化作出应有的贡献。

该图册内容主要包括鸡场的规划与建设、种鸡的繁殖与人工授精、种蛋的选择与孵化、蛋鸡营养和饲料、饲料管理、疫病防治与废弃物处理、鸡场的管理等内容，图片均来自于编写人员的原创，文字尽量浅显易懂，力求可操作性和实用性。然而，由于经验和水平有限，书中内容难免存在较多问题和不足，希望广大同行、蛋鸡养殖户提出宝贵意见，以期进一步改进。

编　者

2012年9月于雅安

目　录

总序

编者的话

前言

第一章　蛋鸡场的规划与建设 …… 1

第一节　蛋鸡场的选址与布局 …… 1

一、选址 …… 1

二、布局 …… 2

第二节　蛋鸡舍 …… 8

一、蛋鸡舍类型 …… 8

二、蛋鸡舍修建要求 …… 9

第三节　蛋鸡舍设备 …… 10

一、鸡笼 …… 10

二、饲喂设备 …… 11

三、清粪设备 …… 14

四、光照设备 …… 15

五、通风设备 …… 16

六、降温设备 …… 17

七、供暖设备 …… 18

第四节　鸡场配套设施 …… 19

一、保障条件 …… 19

二、配套设施 …… 20

第二章　蛋种鸡的繁殖与人工授精 …… 22

第一节　蛋种鸡的外表选择 …… 22

一、种母鸡的外表选择 …… 22

二、种公鸡的外表选择 …… 24

第二节 蛋种鸡繁殖性能 …… 26
一、开产日龄 …… 26
二、产蛋曲线 …… 26
第三节 蛋种鸡的人工授精技术 …… 27
一、采精技术 …… 27
二、精液品质的检测 …… 29
三、输精技术 …… 32

第三章 种蛋的选择与孵化 …… 35

第一节 种蛋的选择 …… 35
一、种蛋的来源 …… 35
二、选择标准 …… 35
第二节 种蛋的消毒和保存 …… 37
一、种蛋的消毒 …… 37
二、种蛋的保存 …… 38
第三节 孵化的条件 …… 39
一、温度 …… 39
二、湿度 …… 39
三、通风 …… 40
第四节 孵化的管理 …… 40
一、翻蛋与转蛋 …… 40
二、照蛋 …… 40
三、出雏 …… 41
四、公母鉴别 …… 42
五、预防接种 …… 43
六、清扫消毒 …… 43
七、停电时的措施 …… 43
八、孵化记录表 …… 44

第四章 蛋鸡的营养与饲料 …… 45

第一节 蛋鸡的营养需要 …… 45
一、生长蛋鸡的营养需要 …… 45
二、产蛋鸡的营养需要 …… 46
第二节 饲料种类 …… 48
一、能量饲料 …… 48
二、蛋白质饲料 …… 49

三、矿物质饲料 …… 50
四、添加剂类饲料 …… 51
第三节　饲粮配制 …… 53
一、配合饲料类型 …… 53
二、配制饲粮 …… 54
三、饲料安全 …… 54
四、蛋鸡参考饲料配方 …… 56
第四节　饲料的加工与贮藏 …… 57
一、饲料加工 …… 57
二、饲料贮藏 …… 59
第五节　饲料选购 …… 59
第五章　蛋鸡的饲养管理 …… 60
第一节　育雏期（0～6周龄）的饲养管理 …… 61
一、育雏期目标 …… 61
二、育雏舍日常操作程序 …… 62
三、育雏前的准备 …… 62
四、育雏期管理技术 …… 62
第二节　育成期（7～17周龄）的饲养管理 …… 69
一、育成期目标 …… 69
二、育成期日常操作程序 …… 70
三、育成期管理技术 …… 70
第三节　产蛋期的饲养管理 …… 73
一、产蛋舍日常操作程序 …… 74
二、产蛋前期（18～21周龄）的饲养管理 …… 74
三、产蛋高峰期（22～48周龄）的饲养管理 …… 76
四、产蛋后期（49周龄至淘汰）的饲养管理 …… 78
五、产蛋鸡的四季管理 …… 79
六、产蛋鸡的生产记录 …… 79
第四节　蛋种鸡的饲养管理 …… 80
一、蛋种鸡的饲养方式 …… 80
二、种蛋的大小控制 …… 81
三、种公鸡的培育 …… 82
四、种公鸡的训练与管理 …… 83
第五节　鸡蛋的储存与加工 …… 84
一、鸡蛋的收集 …… 84

二、鸡蛋的消毒 …… 85
三、鸡蛋的储存与保鲜 …… 86
四、鸡蛋的加工 …… 87

第六章 蛋鸡的疾病防治与废弃物处理 …… 89

第一节 鸡场的卫生与消毒 …… 89
一、常用的消毒方法及消毒剂 …… 89
二、饲前的卫生消毒 …… 90
三、饲中的卫生消毒 …… 92
第二节 参考免疫程序 …… 95
一、免疫接种的方法 …… 95
二、参考免疫程序 …… 96
第三节 疾病的检查 …… 98
一、临床观察 …… 98
二、病理剖检 …… 99
第四节 预防用药 …… 102
一、蛋鸡用药必须遵循的原则 …… 102
二、药物使用方法 …… 102
三、蛋鸡用药程序 …… 103
第五节 常见疾病的防治 …… 104
一、鸡新城疫 …… 104
二、禽流感 …… 106
三、鸡传染性喉气管炎 …… 108
四、鸡传染性支气管炎 …… 109
五、鸡传染性贫血 …… 111
六、鸡传染性法氏囊病 …… 112
七、蛋鸡产蛋下降综合征 …… 113
八、鸡痘 …… 115
九、鸡传染性脑脊髓炎 …… 116
十、鸡马立克氏病 …… 117
十一、鸡淋巴细胞性白血病 …… 119
十二、鸡白痢 …… 121
十三、禽霍乱 …… 122
十四、鸡大肠杆菌病 …… 124
十五、鸡慢性呼吸道病 …… 125
十六、鸡传染性鼻炎 …… 126

十七、鸡坏死性肠炎 …… 128
十八、禽曲霉菌病 …… 128
十九、鸡球虫病 …… 129
二十、鸡住白细胞虫病 …… 131
二十一、鸡组织滴虫病 …… 132
二十二、维生素A缺乏症 …… 133
二十三、维生素B_1缺乏症 …… 134
二十四、维生素B_2缺乏症 …… 135
二十五、叶酸缺乏症 …… 135
二十六、维生素E—硒缺乏症 …… 136
二十七、锌缺乏症 …… 138
二十八、锰缺乏症 …… 139
二十九、痛风 …… 140
三十、蛋鸡脂肪肝综合征 …… 141
三十一、初产蛋鸡猝死综合征 …… 143
三十二、笼养蛋鸡疲劳症 …… 144
三十三、异食癖 …… 145
三十四、食盐中毒 …… 146
三十五、黄曲霉毒素中毒 …… 147
第六节 蛋鸡场废弃物处理 …… 148
一、鸡粪的处理 …… 148
二、污水的处理 …… 149
三、病死鸡的处理 …… 150

第七章 蛋鸡场的管理 …… 152

第一节 蛋鸡场的生产管理 …… 152
一、蛋鸡场的计划管理 …… 152
二、蛋鸡场的指标管理 …… 153
三、蛋鸡场的信息化管理 …… 154
第二节 蛋鸡场的技术管理 …… 155
一、制定技术操作规程 …… 155
二、制定日常操作规程 …… 155
三、制订综合防疫制度 …… 156
四、制定合理的免疫程序 …… 157
五、制定合理的光照程序 …… 157
六、淘汰鸡的鉴别与选择标准 …… 158

第三节 蛋鸡场的经营与管理 …… 158
一、蛋鸡场的组织结构 …… 158
二、蛋鸡场的岗位职责 …… 159
三、蛋鸡场的财务管理 …… 159
第四节 标准化蛋鸡场建设可行性分析 …… 161
一、项目单位基本情况 …… 161
二、项目建设方案 …… 161
三、投资结构及资金来源 …… 162
四、项目效益 …… 162
五、可行性研究报告编制依据 …… 163
六、综合评价 …… 163
七、结论与建议 …… 164

附录 蛋鸡标准化示范场验收评分标准 …… 165

参考文献 …… 169

1 第一章 蛋鸡场的规划与建设

第一节 蛋鸡场的选址与布局

一、选址

交通便利，防疫条件好，符合土地利用和农业发展要求。

● 地理条件

鸡场地势高燥，排水良好，向阳背风
（峨眉全林鸡场）

● 交通条件 交通便利，靠近消费地和饲料来源地。

靠近交通支线，离主要交通干线有一定的距离，远离其他养殖场。

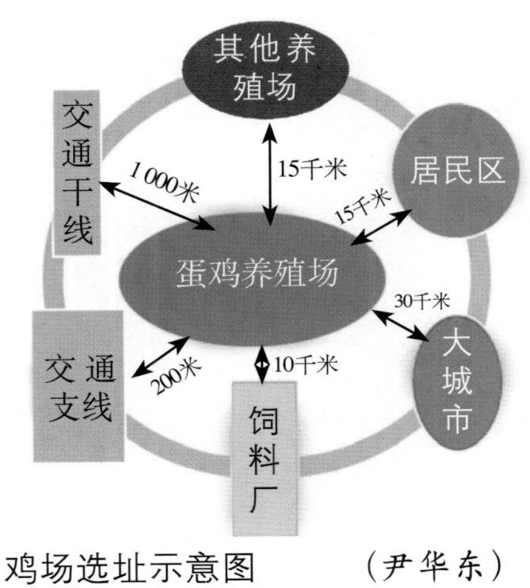

鸡场选址示意图 （尹华东）

二、布局

蛋鸡场通常分为生活区、办公区、生产区、隔离区等。

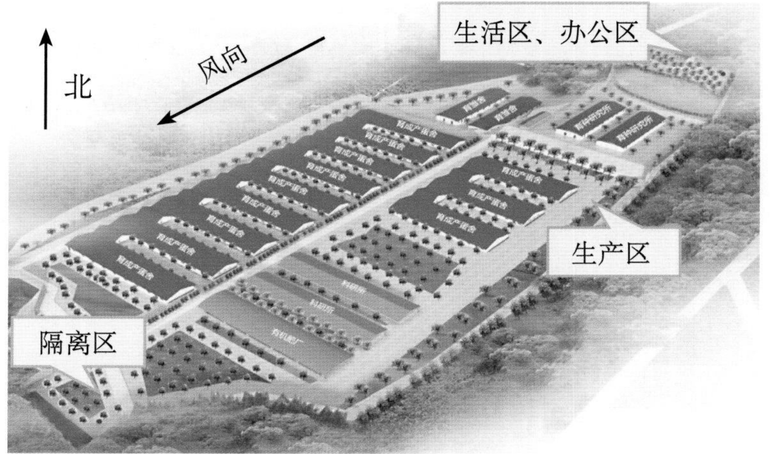

蛋鸡场效果图　　（绵竹邦禾农业）

生活区一角　　（尹华东）

● 生活区与办公区

包括宿舍、食堂、浴室、娱乐室、会议室、办公室、值班室、监控室等。

设男女浴室，方便生产线工作人员洗浴

浴　室　　（朱　庆）

食　堂　　（朱　庆）

娱乐设施　　（尹华东）

办公区一角　　（朱　庆）

会 议 室　　（朱　庆）

办 公 室　　（朱　庆）

专家工作室 （尹华东）

监 控 室 （朱 庆）

值 班 室 （朱 庆）

● 生产区　包括各阶段蛋鸡舍和生产辅助建筑物。

生产区入口　（朱　庆）

消 毒 室　（朱　庆）

鸡　舍　（朱　庆）

鸡舍内值班室　（尹华东）

饲 料 房　　（尹华东）

蛋　库　　（朱　庆）

蛋库内部　　（朱　庆）

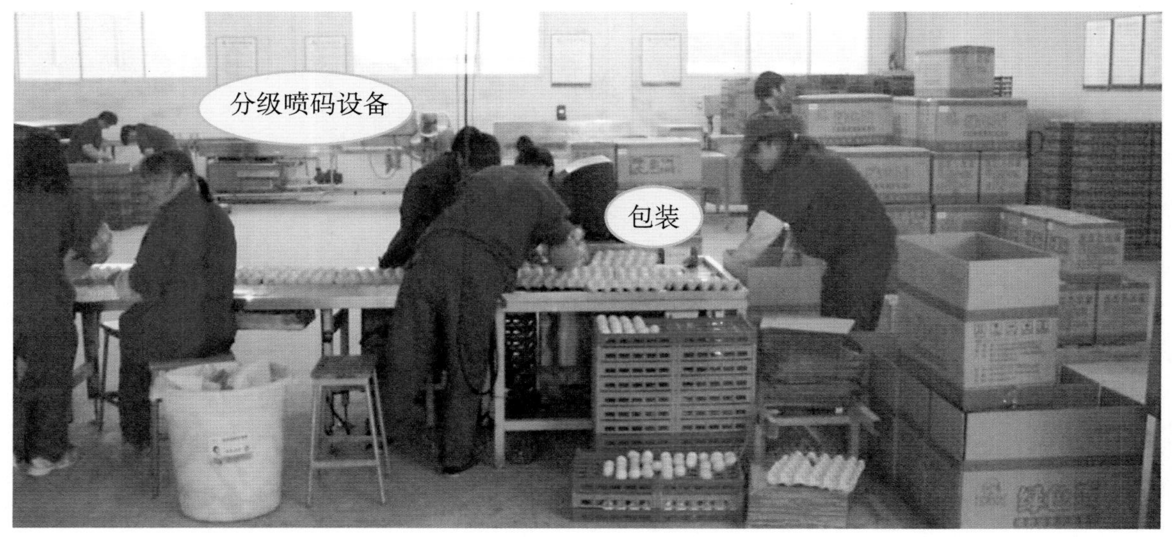

鸡蛋加工车间　　（尹华东）

● **隔离区**　设有兽医室、焚尸炉、粪污处理设施等，主要用来隔离、治疗和处理病鸡。

焚 尸 炉　　（张　龙）

粪污处理　　（朱　庆）

兽医防疫室　　（张　龙）

粪污处理　　（尹华东）

第二节　蛋鸡舍

一、蛋鸡舍类型

● **开放式鸡舍**　开放鸡舍屋顶吊顶棚，鸡舍高2.7 ～ 2.8米，自然通风辅以机械通风，自然采光和人工光照相结合。

开放式鸡舍　（朱　庆）

开放式鸡舍外墙　（朱　庆）

● **密闭式鸡舍**　屋顶及墙壁都采用隔热材料封闭起来；舍内人工光照，机械负压通风；湿帘降温。

封闭式鸡舍　（朱　庆）

封闭式鸡舍外部　（朱　庆）

二、蛋鸡舍修建要求

平整地面　　（尹华东）

地面要求高出舍外、防潮、平坦，易于清刷消毒；墙壁要求隔热性能好，能防御外界风雨侵袭，屋顶可用单坡式或双坡式。

修建中的鸡舍　　（尹华东）

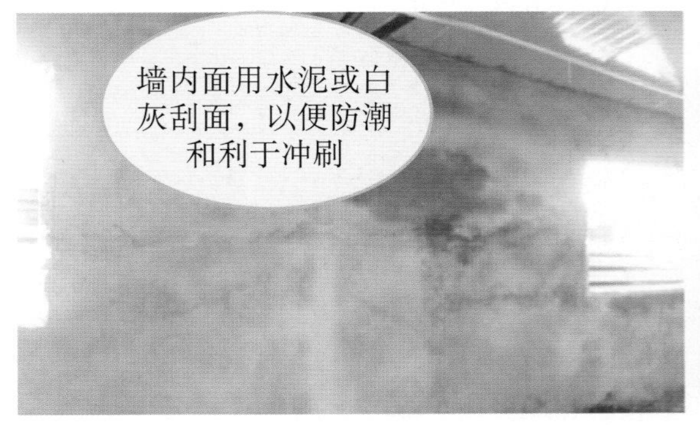

墙面处理　　（尹华东）

外墙材料　　（尹华东）

第三节　蛋鸡舍设备

一、鸡笼

● 育雏笼

➢ 层叠育雏笼　一般为3～4层，优点：可节约占地面积，缺点：免疫不方便。

层叠式育雏笼　（尹华东）

➢ 阶梯式育雏笼　鸡笼排列与成鸡笼一样呈阶梯式排列，一般2～3层。

阶梯式育雏笼　（朱　庆）

➢ **平面网上育雏**　在一平面上方设置铁丝网，整个鸡群在同一平面上进行育雏，一般采用自动饲喂设备。优点：育雏数量多；缺点：免疫不方便。

平面网上育雏　　（朱　庆）

● **产蛋鸡笼**　组合形式常见阶梯式和重叠式。

阶梯式产蛋鸡笼　（尹华东）

层叠式产蛋鸡笼　（朱　庆）

二、饲喂设备

● **喂料设备**

➢ **料桶**

料　桶　　（尹华东）

➢ 人工喂料

喂 料 车 （朱 庆）

➢ 链板式喂饲 适用于阶梯式鸡笼。

链板式喂饲 （尹华东）

➢ 斗式供料车和行车式供料车 此两种供料车多用于多层鸡笼和叠层式笼养。

斗式喂料车 （朱 庆）

外部上料装置 （朱 庆）

行车式供料车

（尹华东）

配套上料设备

（尹华东）

● 饮水设备

➢ 雏鸡饮水器

乳头式饮水器 （朱 庆）

鸭舌式饮水器 （朱 庆）

真空饮水器

（尹华东）

➢ 成鸡饮水

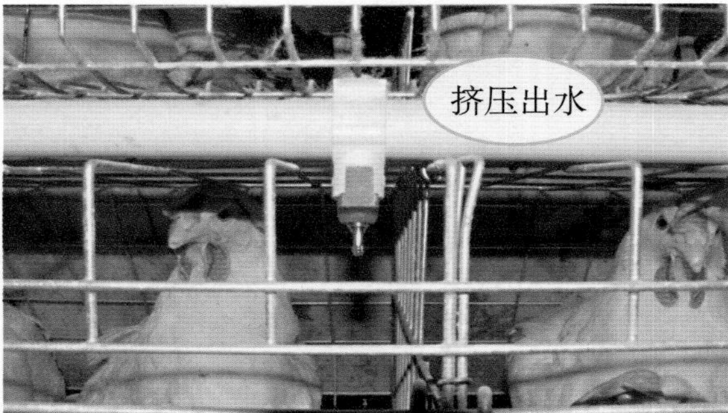

乳头式饮水器　（尹华东）

➢ 净水设备

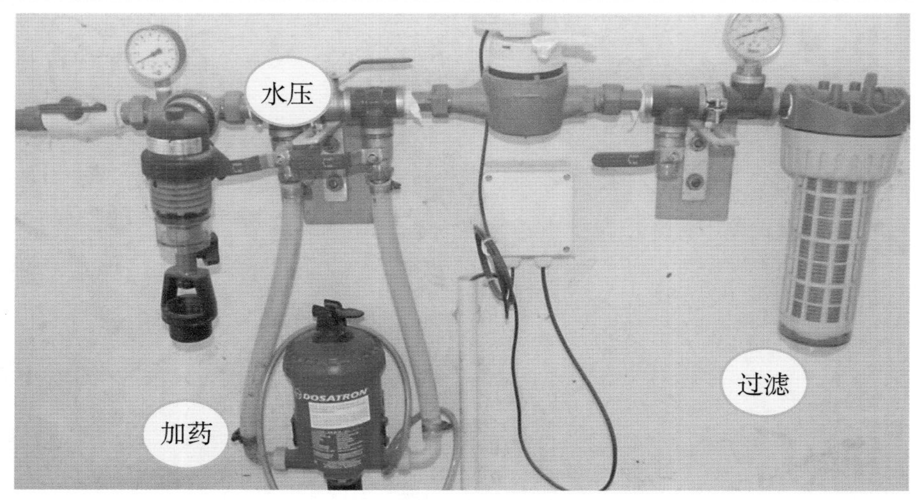

净水系统　（朱　庆）

三、清粪设备

● **刮板式清粪机**　阶梯式笼养鸡舍内常用的清粪设备。

鸡舍内部清粪设备　（尹华东）

鸡舍外部清粪设备 （尹华东）

● 传送带清粪　适用于层叠式鸡笼。

层叠式清粪传输带 （朱　庆）

清粪传输带外部 （朱　庆）

四、光照设备

● 开放式鸡舍　自然光照与人工补光相结合。

● 密闭式鸡舍　采用人工光照计划。

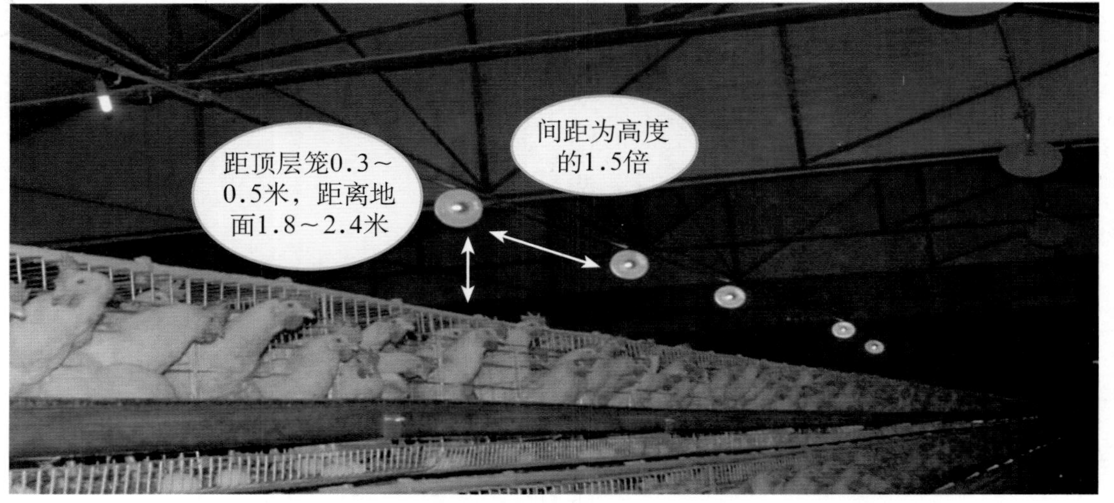

鸡舍内部照明　（尹华东）

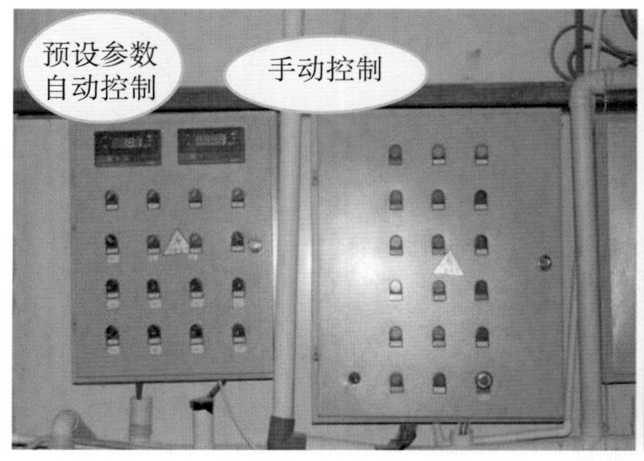

光照控制设备　（朱　庆）

五、通风设备

侧墙通风　（朱　庆）

过道通风　（朱　庆）

纵向风机　（朱　庆）

开放式鸡舍一般以自然通风为主，辅以排风扇等机械通风设施。

六、降温设备

常用的降温设备主要是湿帘—风机系统和屋顶喷淋降温系统。

湿帘降温　（尹华东）

屋顶喷淋系统　（张　龙）

七、供暖设备

● 电热暖风炉

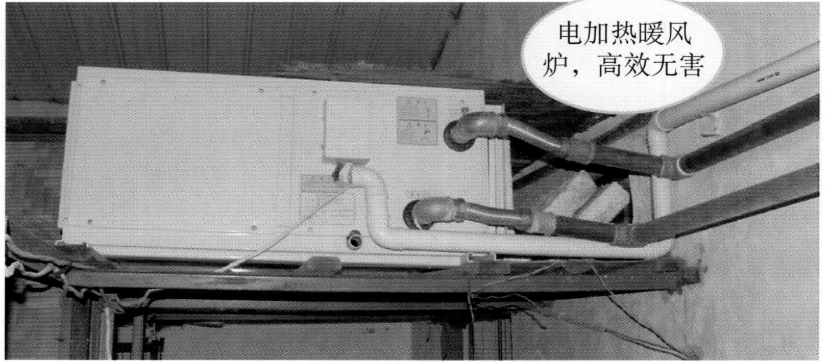

电热暖风炉 （张 龙）

● **液化气** 通过室内感应探头由电脑系统控制液化气加热空气，对室内进行升温。具有升温效果好、卫生、节能、自动化的特点。

液化气加热设备 （朱 庆）

● 燃煤加热

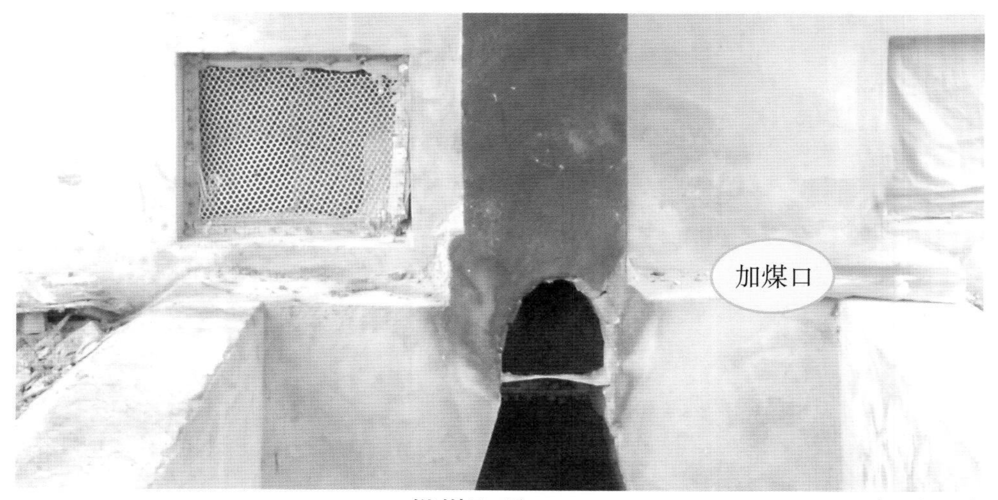

燃煤取暖 （尹华东）

第四节　鸡场配套设施

一、保障条件

● **水**　鸡场一般距城市较远，如果没有自来水，需打井、修水塔以保证本鸡场供水，且水质满足无公害畜禽饮用水水质标准。

水　塔　　　　（尹华东）

● **供电**　要保证任何时候都能正常供电，标准化、现代化鸡场对电力具有十分强的依赖性。

配　电　　　　（绵阳圣迪乐村）

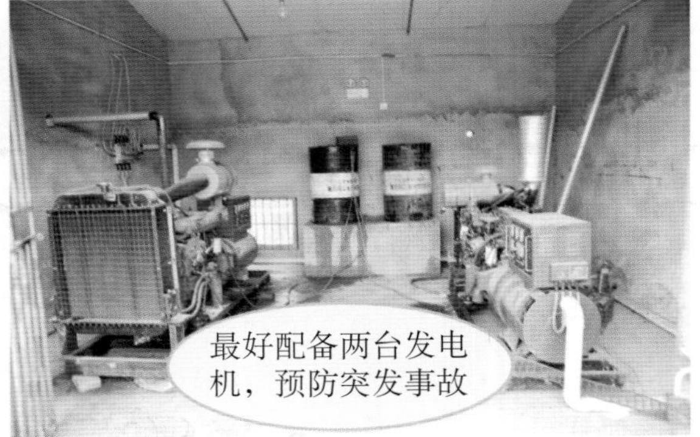

发电室 （绵阳圣迪乐村）

● 库房

库房内部 （尹华东）

二、配套设施

● **鸡场绿化** 鸡场植树、种草绿化，对改善场区小气候、净化空气和水质、降低噪声等有重要意义。在进行鸡场规划时，必须规划出绿化地，其中包括防风林、隔离林、行道绿化、遮阳绿化、绿地等。

鸡场绿化

（尹华东）

鸡舍之间的绿化带

（尹华东）

● **鸡舍监控系统**　鸡舍监控系统能随时监测鸡场的情况，方便对鸡场的管理，及时发现并处理鸡群的异常。

监控显示屏

（尹华东）

在鸡舍各关
键位置安放

监控探头

（尹华东）

鸡舍内部摄像头　　（尹华东）

2 第二章　蛋种鸡的繁殖与人工授精

第一节　蛋种鸡的外表选择

一、种母鸡的外表选择

▲ 目标：符合品种特征，体重、体型达标，体质强健。

● 雏鸡选择　雏鸡选择可分2次进行，雏鸡出壳时和转入育成舍时（6 ~ 8周龄）。

➢ 活泼好动，两脚稳定站立
➢ 眼睛有神，大小整齐
➢ 腹部不大，脐孔愈合良好
➢ 手感温暖，挣扎有力
➢ 叫声响亮而清脆
➢ 无畸形

健雏

方法：一看、二听、三摸

弱雏

➢ 无活力，站立不稳
➢ 腹大，脐孔不清洁
➢ 手感较凉，绵软无力
➢ 叫声嘶哑微弱或鸣叫不止
➢ 有畸形

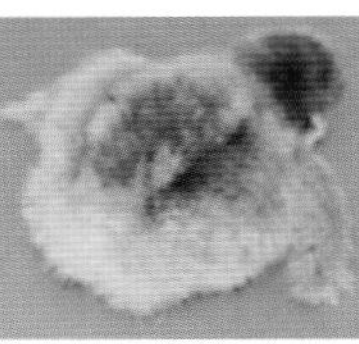

不能站立

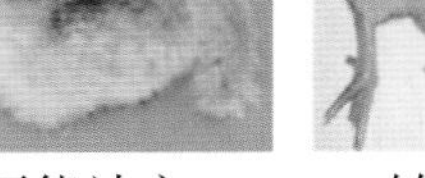

转　脖

脐孔带血

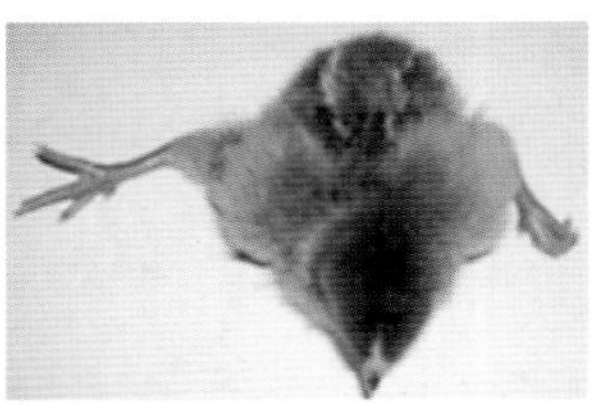

劈叉腿

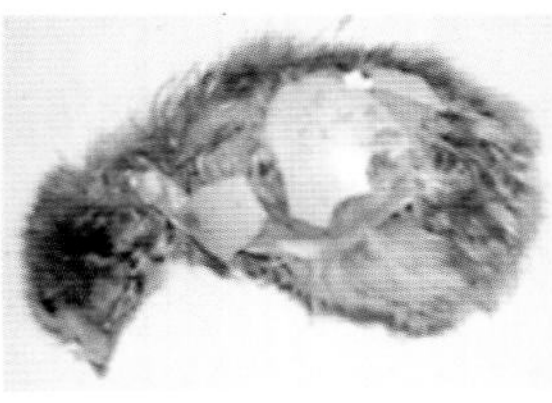

黏　壳

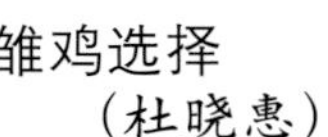

雏鸡选择
（杜晓惠）

● **育成鸡选择** 结合两次转群，分别在6～8周龄和17～18周龄进行选择。

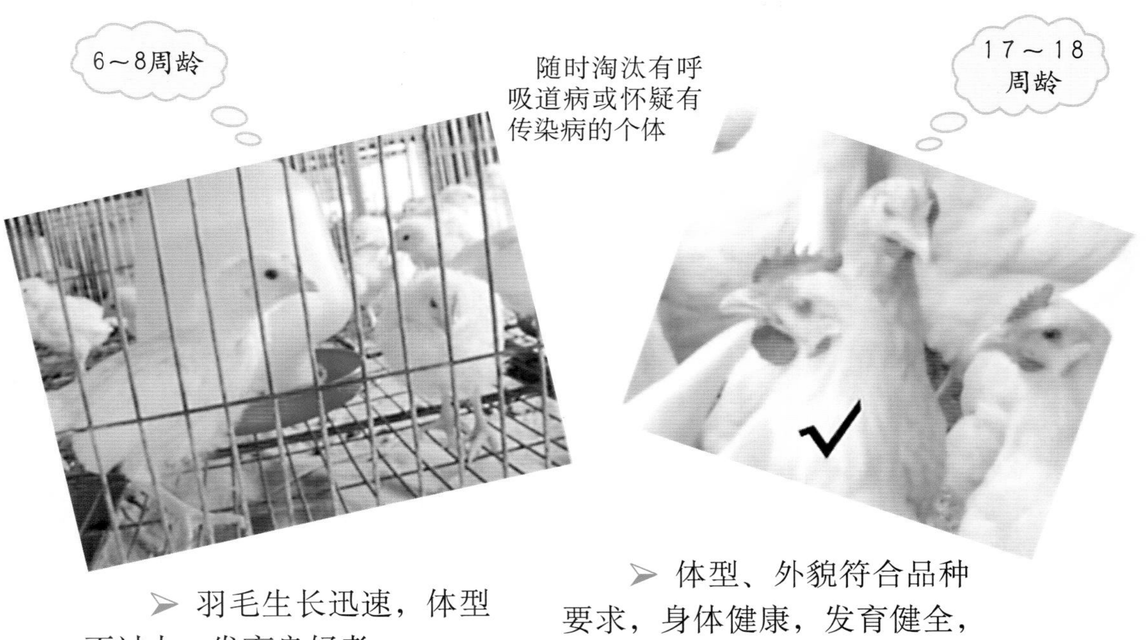

育成鸡选择 （杜晓惠）

● **成年鸡选择**

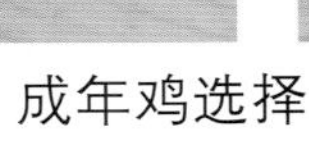

成年鸡选择

（杜晓惠）

项目	选　　留	淘　　汰
冠髯	发育良好，鲜红，触摸感细致、温暖	发育不良，发灰白色，触摸感粗糙、冷凉
头部	清秀，头顶宽，呈方形	粗大或狭窄
喙	粗短，微弯曲	长而窄直
胸部	宽、深、向前突出，胸骨长而直	窄浅，胸骨短而弯曲
背部	宽、直	短、窄或呈弓形
腹部	柔软，皮肤细致，有弹性，无腹脂硬块	皮肤粗糙，弹力差，过肥的鸡有腹脂硬块
耻骨	相距3指以上，薄而有弹性	相距2指以下，较厚，弹力差
肛门	松弛、湿润	较松弛
脚和趾	胫坚实，鳞片紧贴，两脚间距宽，趾平直	两脚间距小，趾过细或弯曲

二、种公鸡的外表选择

▲ **目标**：获得适量的合格种公鸡，减少不必要的饲养量，延长公鸡使用寿命。

种公鸡的选择比种母鸡的选择更严格。蛋种鸡出壳后，首先通过翻肛或者自别雌雄等方法，分辨公母，然后按照下图的流程进行。

- 公母比1 ∶ 8或1 ∶ 10(人工授精)
- 鸡冠发育明显，颜色鲜红
- 体重较大，外貌符合品种要求

- 公母比1 ∶ 10或1 ∶ 30
- 性反射好，精液量多、浓稠
- 可多留15%～20%的后备公鸡

出壳时

- 公母比1 ∶ 5
- 符合品种特征、健壮、活泼

6～8周龄

17～18周龄

- 公母比1 ∶ 9或1 ∶ 15～20
- 体重中等，发育匀称，健康无病
- 冠大、鲜红直立，对按摩有明显性反应，射精量适中

配种前2周

种公鸡选择　　（杜晓惠）

第二节　蛋种鸡繁殖性能

一、开产日龄

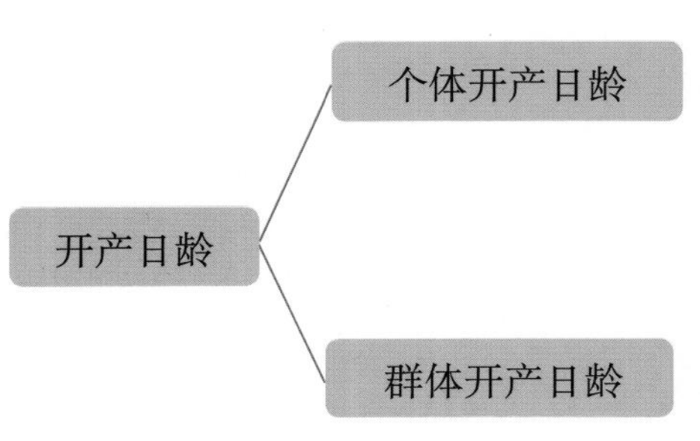

- 个体产第一个蛋时的日龄
- 一般在18周龄左右
- 育种上多用，可以进行个体选育

- 全群鸡连续2天达到50%产蛋率的日龄
- 一般在21周龄左右
- 生产上多用，可以衡量鸡群的培养质量

二、产蛋曲线

用以描述蛋鸡产蛋率随时间的变化而变化的曲线称为产蛋曲线。如下图：

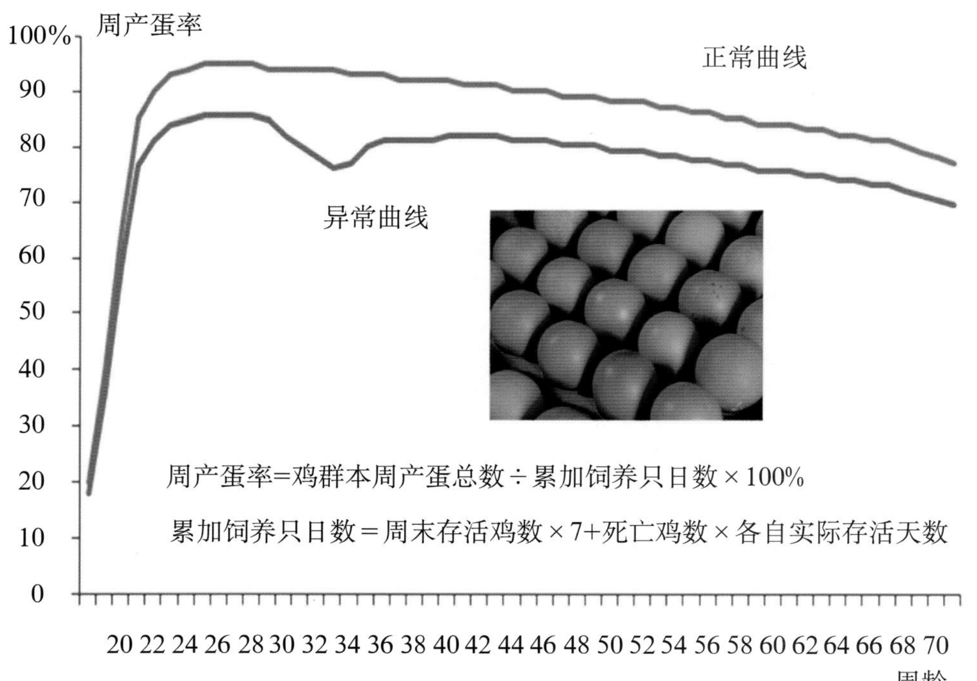

产蛋曲线

好的产蛋曲线，最初5～6周，产蛋率迅速增加；高峰值可达90%～95%，23周龄左右进入产蛋最高峰，维持一段时间；之后，优秀蛋鸡每月直线平稳下降2%～4%，到15～16月龄应保持65%的产蛋率，入舍母鸡72周产蛋数接近300枚。如京红1号，23周达90%产蛋率且能维持24周，72周产蛋率能达77%。

第三节　蛋种鸡的人工授精技术

人工授精技术是鸡繁殖上的重大进步。首先，采用人工授精避免了种公鸡对种母鸡的好恶选择；第二，通过精液品质鉴定，可淘汰性机能差的公鸡，增加优秀公鸡的后代；第三，可大大减少种公鸡的饲养量，将公母比例从1：10提高到1:40左右，提高了效率和效益。

整个人工授精技术流程：采精→检测→输精。其中，检测可根据需要采用。

一、采精技术

● **采精前准备**　一般，在22周龄后，根据生产需要，提前1周对种公鸡进行采精训练。训练3次后，将体重轻、采不出精液、精液稀薄、经常有排粪反射及拉稀便的公鸡及时淘汰。经过4～5天训练，大多数公鸡可满足采精需要。

固定：公鸡（单笼）、人员、时间与采精手势

训练：提前1周，每天采精1次，连续4～5天

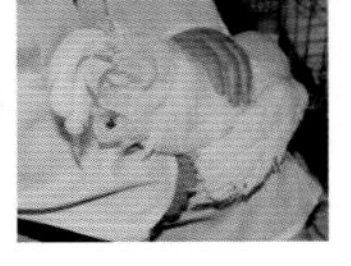

淘汰：性反射差、精液品质差的

剪毛：剪去公鸡肛门的羽毛

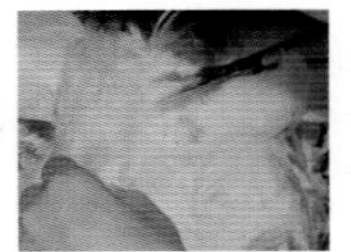

剪毛露出肛门

消毒：所需器具，高温煮沸20分钟

备用：生理盐水、保温杯、消毒药棉

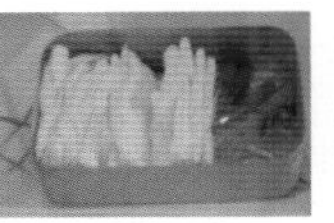

滴管
集精杯
药棉

采精准备

（杜晓惠）

● **采精方法** 常用背（腹）式按摩采集法。通常3人一组效率高，2人抓公鸡并保定，1人采精。到输精时，2人抓母鸡并翻肛，1人输精。公母鸡都保定在鸡笼门口，仅尾部露出，便于操作就行。

➢ 公鸡的保定

助手保定：单手抓鸡双脚轻轻往笼外提，另一只手理顺双翅，使鸡头颈部在笼内、尾部伸出笼门，方便采精。笼门口保定效率高。

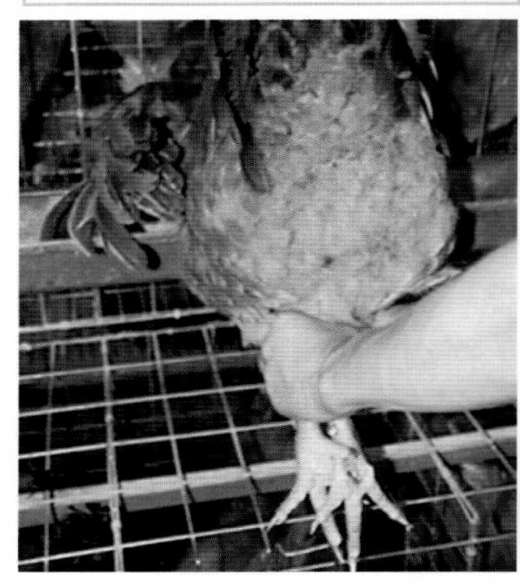

➢ 采精操作

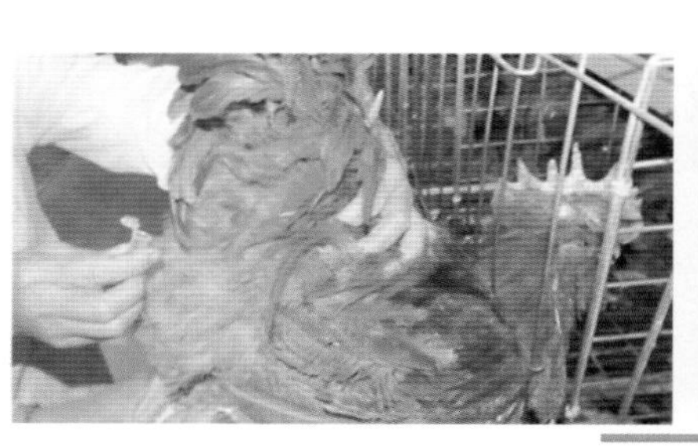

采精员：左手由鸡的背部向尾根按摩数次，引起公鸡性兴奋后，其尾部上翘，待交尾器外翻时，左手快速捏住交尾器，右手握集精管候在泄殖腔下方，左手拇指和食指适当挤压泄殖腔两侧，射精，接住精液。

腹部刺激：公鸡性反射不足时才用。采精员右手指夹集精管，掌心贴近公鸡腹部，作高频率抖动，配合左手的按摩刺激。当公鸡排精时，翻转右手背，使集精管口向上接精液。

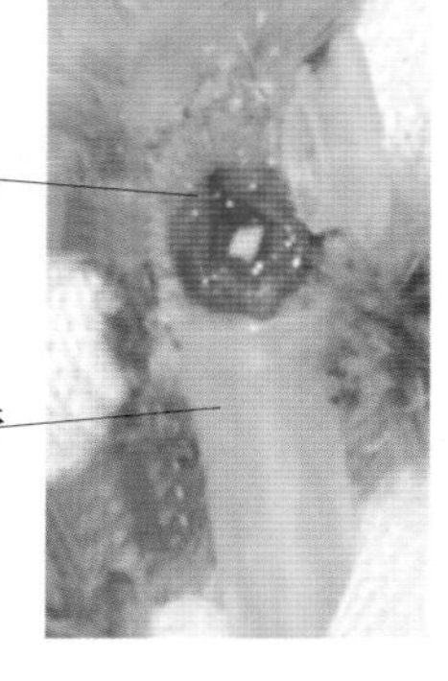

➢ 注意事项：为了顺利采出精液，延长公鸡的使用时间，需注意以下常见问题：

采精训练	应该稳定，不能频繁更换训练人员，不能时断时续等。
挤压力度	挤压泄殖腔时，力度恰当，不能引起公鸡不适。
采精手法	采精动作必须双手配合，迅速而准确，尤其是按摩频率、力度与公鸡性反应的协调。
采精频繁	每天采精会使精液质量变差，隔日或采两天休息一天；一次采精量不够时，可以再采一次。
采精用具	要清洗干净、高温消毒，待用时用消毒纱布遮盖。
公鸡年龄	及时淘汰精液质量差的老龄公鸡，同时补充年轻力壮的公鸡，混合精液效果好。
公鸡受惊	如粗暴抓鸡，公鸡过度紧张，会出现暂时采不出精液或精液量过少的现象。
精液质量	弃用最先流出的一小部分精液；避免粪便和其他异物掉进集精管。

二、 精液品质的检测

● 常用检查项目

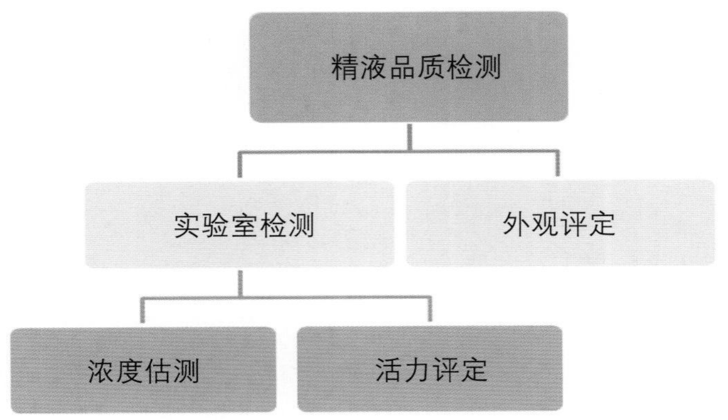

● 外观评定

颜色：乳白色
气味：略带有腥味
浓稠度：乳状、黏稠
精液量：0.3～0.7毫升
污染度：不能有血块、粪便等

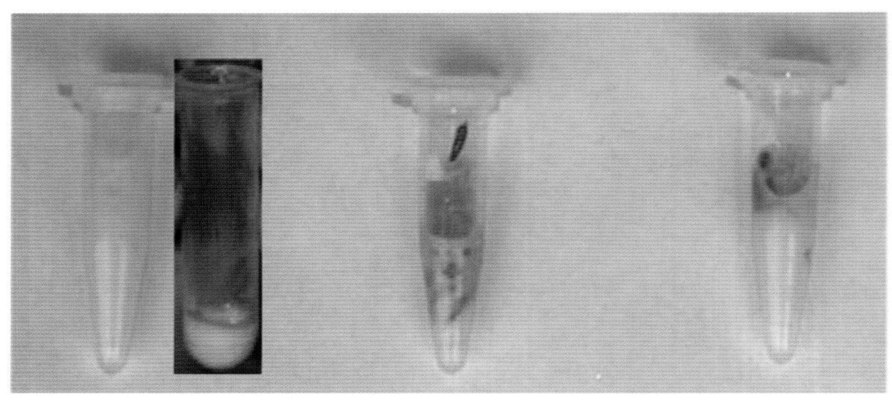

正常精液　　　　带血精液　　　　粪污精液

为减少公鸡饱食后排粪尿，污染精液，可在采精前3～4小时停食。

● 密度估测

浓：40亿／毫升以上；视野被占满，几乎看不到精子间隙和单个精子的活动。

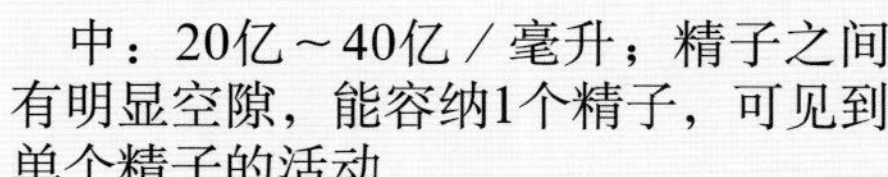

中：20亿～40亿／毫升；精子之间有明显空隙，能容纳1个精子，可见到单个精子的活动。

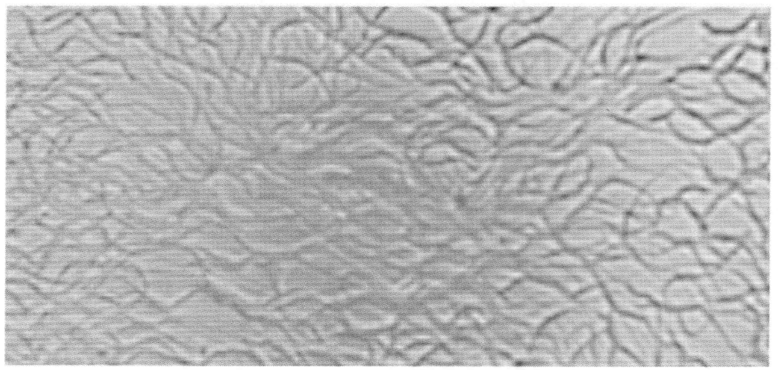

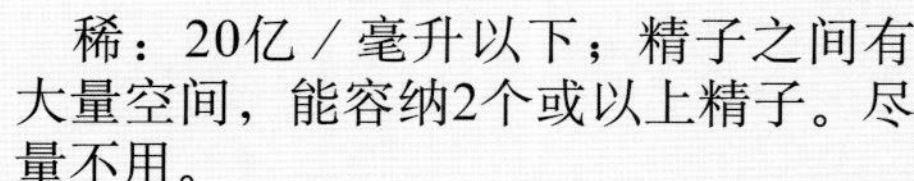

稀：20亿／毫升以下；精子之间有大量空间，能容纳2个或以上精子。尽量不用。

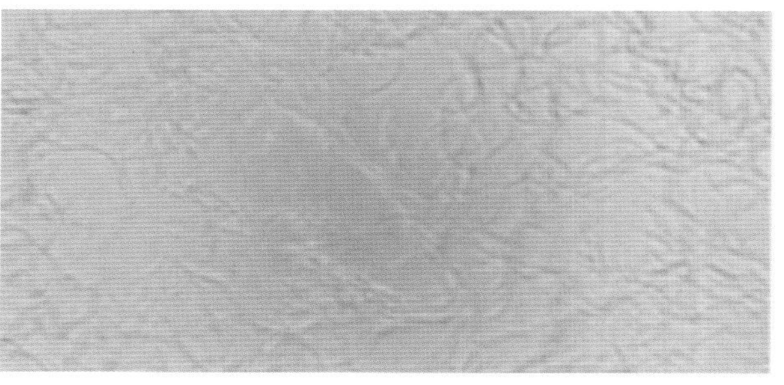

● 活力评定

➢ 方法　用低倍显微镜检查，载玻片推片。可用5.7％葡萄糖液1 ∶ 1稀释后检查。

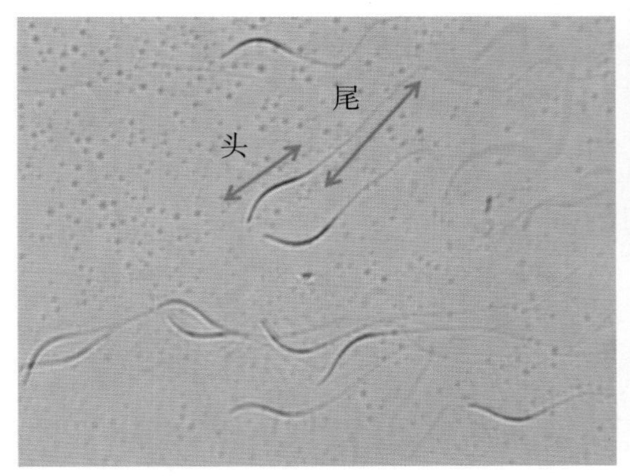

➢ 正常精子　柳叶状头部连接着细长的尾部，沿一直线波浪前进。

➢ 异常精子　断头、原地回旋、左右摇摆、震动、凝聚等。

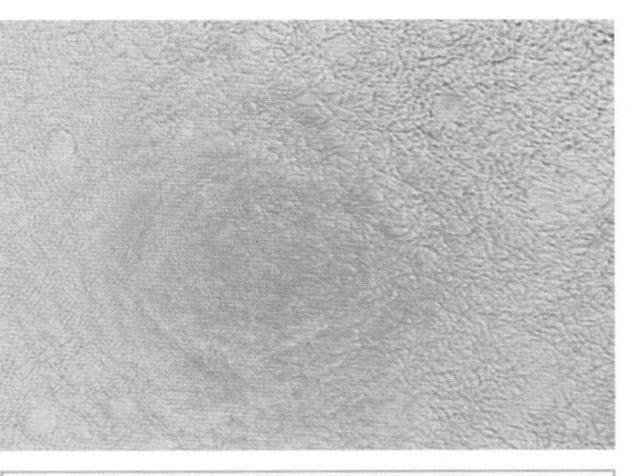

➢ 3级评定法　选取4个不同方向的镜面，观察大群精子，是否像开水煮沸的样子，或成云雾状翻滚。

活力较好：3 ～ 4个镜面可以看到。

活力一般：2个视野可以看到。

活力较差：1个视野可以看到。

➢ 10级评定法　取4个不同方向的镜面，精子全部直线前进为1级，依次10级递减至0.1级。

● 精液品质抽查　一般在种公鸡开始利用前、45周龄以后、公鸡体重突然下降、突发疾病、受精率突然下降时进行。其中，活力评定通常采用3级评定法。

精液品质评定记录表

日期:________　　评定人:_________

舍号	公鸡笼号	周龄	外观评定	精子密度			精子活力		
				密	中	稀	较好	一般	较差

三、输精技术

输精过程需要两人配合，一人翻肛，一人输精 。

● 翻肛

- 单手握鸡双脚，单手垮肛门上下，拇指向腹内挤压出阴道口，固定住。
- 输精后松手，放鸡。
- 轻抓轻放，减少应激；关好笼门，防止外逃。
- 时间：下午，多数母鸡产蛋后；子宫部若有蛋，做好标记，产蛋后再输。

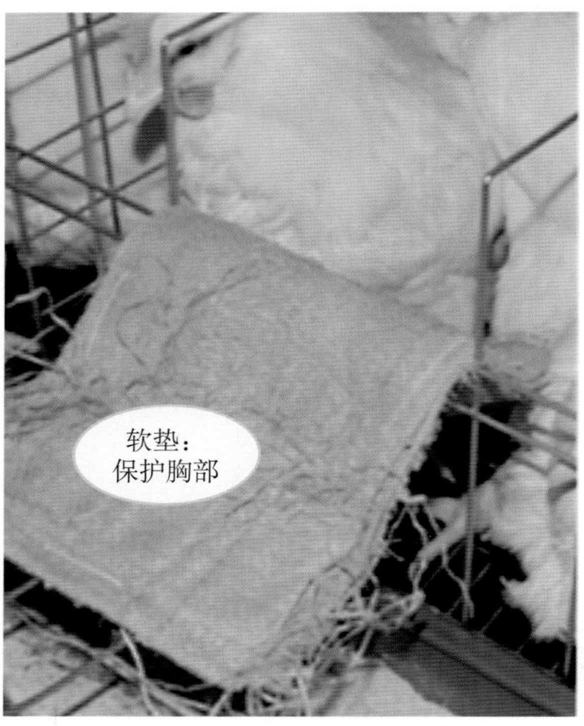

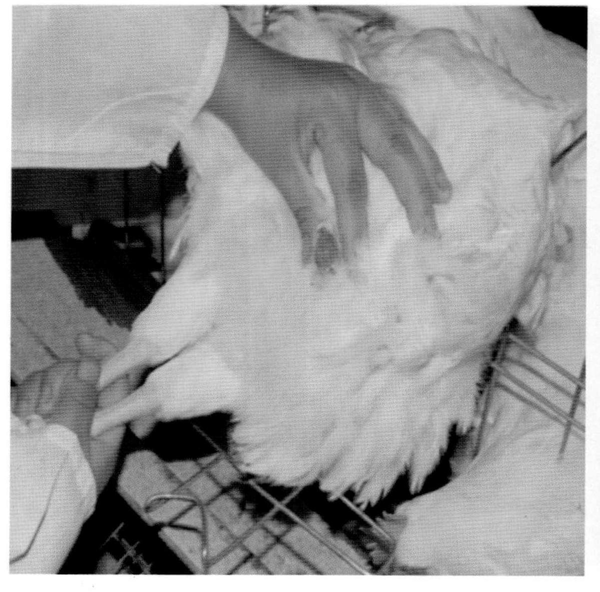

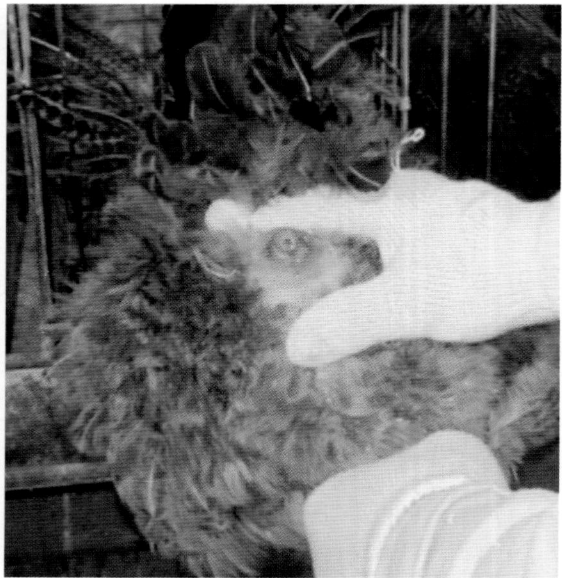

输精

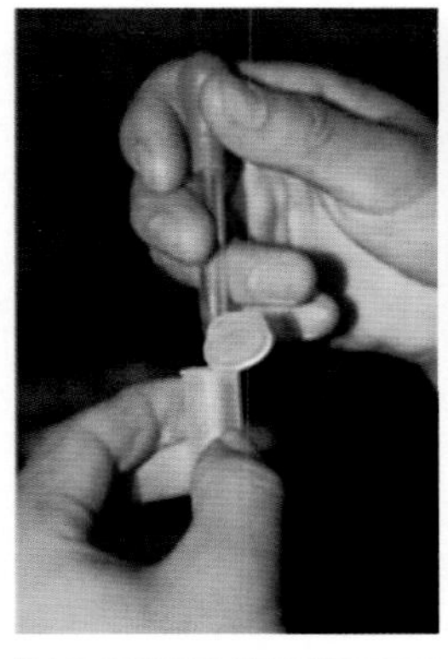

左手紧握集精管（保温，防紫外线）

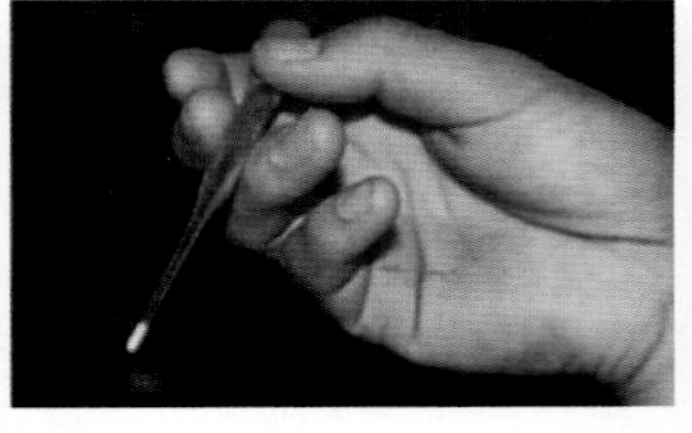

右手持输精器，拇指和食指稍用力压住胶头→吸入精液→挤入母鸡阴道口→压紧胶头→抽出滴管→消毒棉花擦净滴头→松开胶头（重复以上动作）

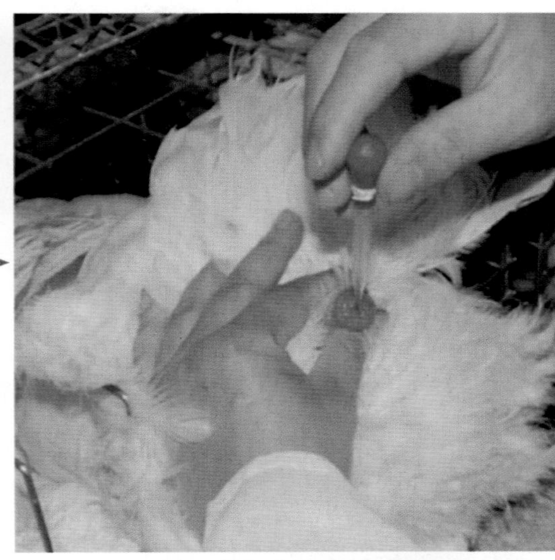

- **尽快输完**　20分钟内。
- **输精量**　原精30微升，米粒大小。
- **深度与方向**　2厘米，顺输卵管方向。
- **输精间隔**　5天左右，首次连输2天，夏季4天。
- **集种蛋**　首次输精后第3开始。

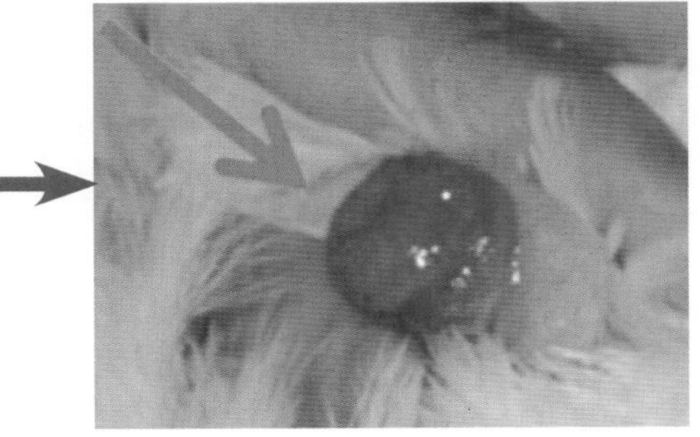

若用下面的微量移液器输精，效果更好。

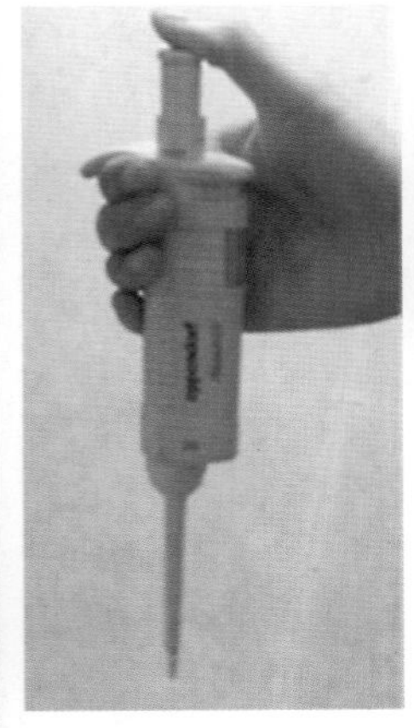

微量移液枪

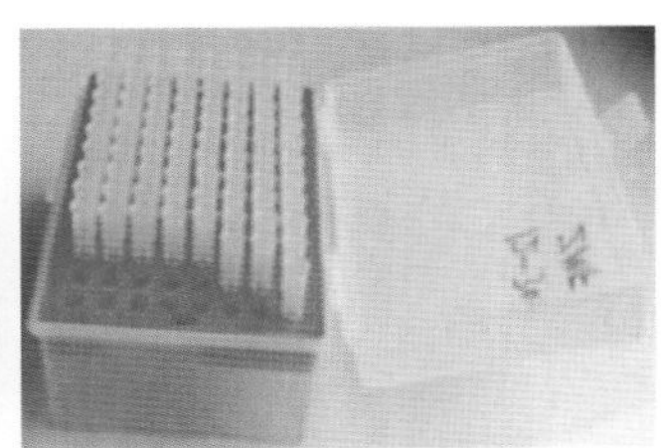

移液枪头　每只鸡换1枪头，避免交叉感染

▲ 注意事项

输精时间	一般27～28周龄后，产蛋率上升到80%以上，蛋重达到50克时；在16:00以后，夏、秋季可适当推迟。
抓鸡翻肛	慢抓轻放，避免粗暴。挤压泄殖腔时用力恰当，着力于腹部左侧，只要阴道口露出一点就行。
避免空输	输精器离开阴道口后才能松开皮头或拇指；不要将空气输入输卵管。
人员配合	当输精器插入的瞬间，助手立即解除母鸡腹部的压力，输精员将精液全部输入。1人输精，2人翻肛效率高。
输 精 器	应完好无损，尽量做到1只母鸡换一套输精器，防止交叉感染。最好使用一次性移液枪，每只换一个枪头。
输精角度	对准输卵管开口中央，轻轻插入输精器，切忌斜插。
脱肛母鸡	挑出单养，暂停输精，查找原因，对症治疗。
首次输精	连输2天，或用量加倍（50微升）。
老龄母鸡	输原精量50微升，每4～5天输1次。夏季最好也这么做。

3 第三章　种蛋的选择与孵化

第一节　种蛋的选择

一、种蛋的来源

应选择健康鸡群所产的鸡蛋，鸡在第二年产的蛋较好，孵化率较高。

鸡蛋大头向上

（王　彦）

二、选择标准

- **新鲜程度**　种蛋越新鲜越好，最长不超过15天。
- **外观选择**　表面光滑、清洁，无破损，呈卵圆形，大小均匀。

种蛋的选择　（王　彦）

● **蛋壳厚度和颜色**　种蛋蛋壳要求致密均匀，厚薄适中，同一品种的蛋，蛋壳颜色一致。

几种不合格种蛋　（朱　庆）

● **听声选择**　目的是剔除破蛋。方法是两手各拿3枚蛋，转动五指，使蛋互相轻轻碰撞，听其声音。完整无损的蛋其声清脆，破蛋可听到破裂声。

第二节　种蛋的消毒和保存

一、种蛋的消毒

● **种蛋消毒时间**　在蛋产出后尽快消毒，每次捡蛋（每天4～6次）完后立刻在禽舍里的消毒柜中消毒或送到孵化厂消毒。种蛋入孵后，应在孵化器里进行第二次消毒。

● **种蛋消毒方法**　种蛋消毒方法很多，但国内仍以甲醛熏蒸法和过氧乙酸熏蒸法较为普遍。

种蛋熏蒸消毒
（绵阳圣迪乐村）

种蛋消毒地点和方法

次数	地点	注释	每立方米体积用药量			消毒环境条件		
			16%过氧乙酸（毫升）	高锰酸钾（克）	福尔马林（毫升）	时间（分钟）	温度（℃）	相对湿度（%）
1	鸡舍内每次捡蛋后在消毒柜中	A	40～60	4～6	—	15～30	20～26	75
		B	—	14	28	20～30	20～26	75
2	入种蛋贮存室前在消毒柜中	A	40～60	4～6	—	15～30	25～26	75
		B	—	14	28	20～30	20～26	75
3	入孵前在入孵器中	C	—	14	28	20～30	37～38	60～65
		D	—	21	42	20～30	37～38	60～65
4	移盘后在出雏器中	A	—	7	14	20	37～37.5	65～75
		B	—	—	20～30	连续	37～37.5	65～75

注：A或B任选一种，C为本场种蛋，D为外购种蛋；种蛋消毒注意避开24～96小时胚龄的胚蛋。（引自《家禽孵化与雏禽雌雄鉴别》）

二、种蛋的保存

种蛋保存条件主要是温度、湿度、通风3个方面。

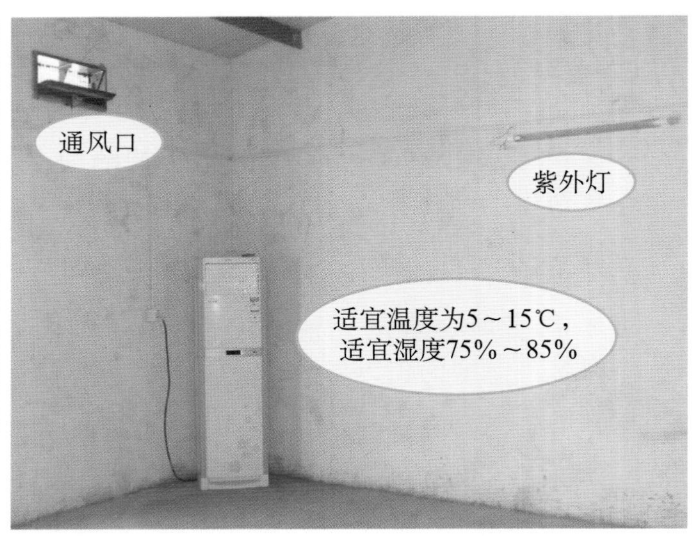

种蛋储存库
（朱　庆）

● **保存温度**　鸡胚的发育临界温度是24℃，种蛋保存温度应低于此温度。种蛋保存1周以内，15℃较为合适；1周以上，12℃为宜。另外，种蛋从鸡舍移到蛋库时，需逐渐降温。

种蛋保存的环境控制

（引自《家禽孵化与雏禽雌雄鉴别》）

项　目	保　存　时　间						
	1～4天	1周内	2周内		3周内		
			第1周	第2周	第1周	第2周	第3周
温度（℃）	15～18	13～15	13	10	13	10	7.5
相对湿度（%）	75～80	75～80	80	80	80	80	80
蛋的位置	1周内钝端向上，2～3周内锐端向上						
卫生	全过程应清洁，防鼠害、防苍蝇						

● **保存湿度**　以相对湿度70%～80%为宜，在使用空调时应特别注意，实际生产中常采用放置水盆的办法。

● **通风**　应有缓慢适度的通风，以防发霉。

第三节　孵化的条件

种蛋孵化的条件主要包括温度、湿度、通风和翻蛋等，应根据胚胎发育严格掌握。

一、温度

温度是孵化成败的关键条件，只有在适宜的温度条件下，才能获得理想的孵化效果。孵化时温度控制要平稳，防止忽高忽低。

孵化的温度可分为恒温和变温：

● **恒温孵化**　在入孵1～19天内温度保持在37.8℃上下，19～21天保持在37.2℃。

● **变温孵化**　1～6天保持在38℃，7～12天保持在37.8℃,13～19天保持在37.3℃,19～21天保持在36.9℃。最后一天可提高0.5～1℃，以利于出雏。

孵化机内部

（朱　庆）

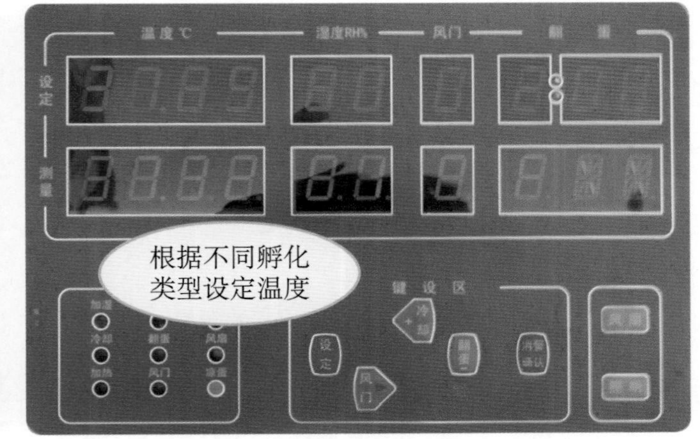

温度控制表

（朱　庆）

二、湿度

孵化湿度掌握以“两头高中间低”进行调控，孵化前期（1～7天）以60%～65%为宜，中期（10～18天）以50%～55%为宜，出雏期（19～21天）以65%～70%为宜，湿度较高有利于蛋壳的破碎。

三、通风

良好的通风是孵化厂最好的空气清洁剂，一般要求空气中O_2含量不低于20 %，CO_2浓度不超过0.5%，但不能因为通风而影响温度和湿度。每个孵化机都有通风孔，可通过开启通风孔来调节通风，一般第一周开启1/4 ～ 1/3，第二周开启1/3 ～ 1/2，第三周开启3/4 ～ 4/4。

孵化机通风

（朱　庆）

第四节　孵化的管理

一、翻蛋与转蛋

从入孵的第一天起，就要每天定时翻蛋，一般每2小时1次，翻蛋要求平稳，均匀，最大角度不要超过45°。

转蛋可防止粘连，促使胎儿运动，并使受热均匀。入孵1 ～ 18天每2个小时转蛋1次，转蛋角度为90°，出雏期不需要转蛋。

二、照蛋

整个孵化期，先后要通过3次照蛋观察确定胚胎的发育情况，以便及时剔除无精蛋、死精蛋或死胚，确保胚胎发育正常。

● **头照**：第一次照蛋在孵化进入到6～7天时进行。正常胚胎可以看到胚胎与卵黄囊的血管形成，形似蜘蛛；无精蛋则无任何反应，无胚胎发育，观察不到血管。

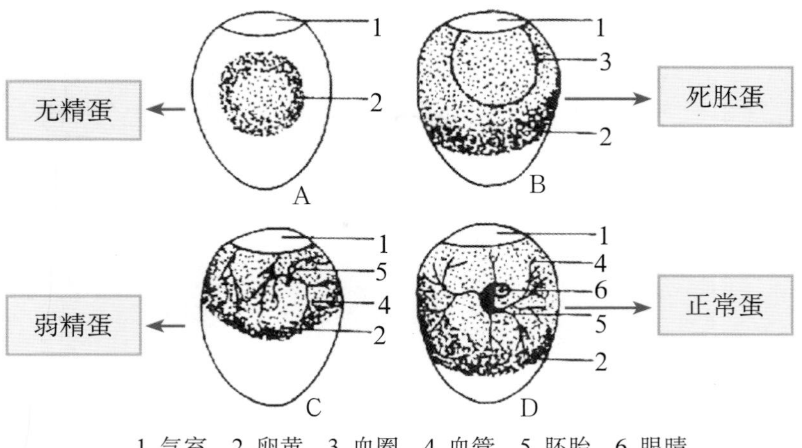

● **二照**：在孵化的11天进行，大型立体孵化机在第二次照蛋时多采用抽查法。发育正常的胚胎，尿囊在蛋的尖端合拢，包围蛋内蛋白，除气室外可见整个蛋布满血管。

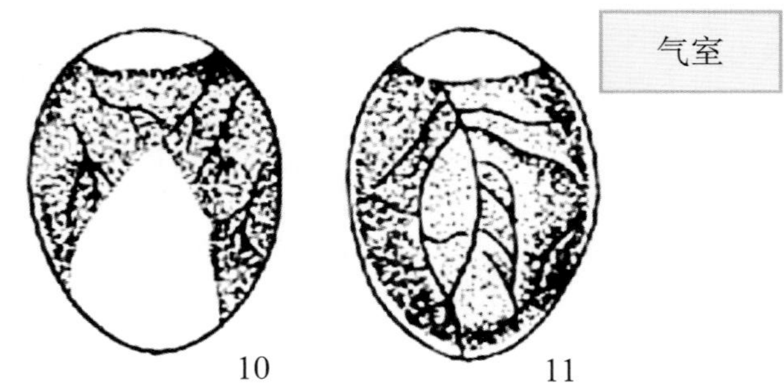

第10天和第11天照蛋图

● **三照**：在孵化的18～19天进行。发育正常的胚胎，气室增大，气室边缘是弯曲倾斜的，俗称“斜口”，血管粗。

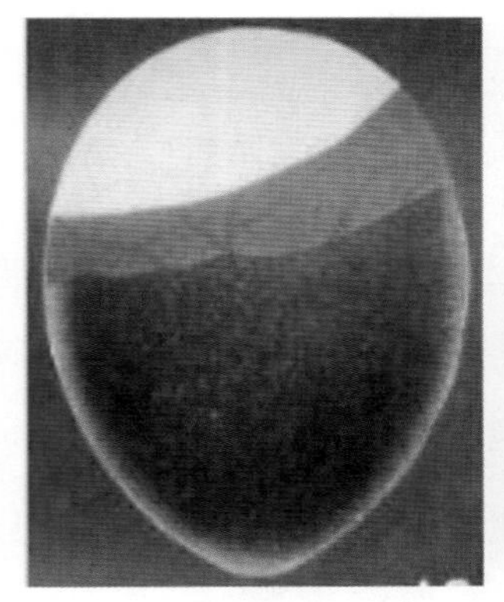

第18天和第19天照蛋图

三、出雏

第20天将入孵鸡蛋转至出雏器中，保持相对湿度为75%，并熏蒸消毒。待雏鸡出壳后及时将雏鸡和蛋壳转走，若有因蛋壳较硬而啄壳困难的雏鸡可帮助其出壳，但应防止出血。按家系放入一个雏盒，登记健雏、弱雏、残死雏、死胎数。

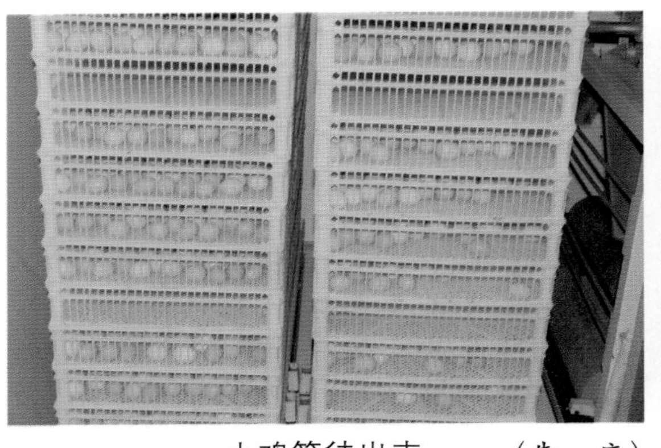
小鸡等待出壳 （朱 庆）

出雏装箱 （朱 庆）

初生雏分级标准

级别区分	精神状态	体重大小	腹部	脐部	绒毛	两肢及行动	畸形	脱水	手握感觉
强雏	活泼，健壮，眼大有神	符合品种标准	大小适中，平整柔软	收缩良好	长短适中，颜色符合品种要求	两肢健壮，站得稳	无	无	争脱有力
弱雏	眼小或细长、呆立、嗜睡	过小或符合品种标准	过大或较小，肛门污秽	收缩不良，大肚脐，血脐带，潮湿	长或短，脆，色浅或深，沾污	站立不稳，喜卧，行动蹒跚	无	有	软绵无力，似棉花团
残次雏	不睁眼或单眼，瞎眼	过小，干瘪	过大，软或硬，青色	蛋黄吸收不完，脐炎	火烧毛，卷毛，无毛	弯趾，跛脚，站不起	有	严重	无

（引自《雏禽孵化与雌雄鉴别》）

四、公母鉴别

雌雄鉴别有雏鸡伴性性状鉴别法和翻/捏肛法。

- **伴性性状鉴别法** 快羽对慢羽、芦花对非芦花、银色羽对金色羽。
- **翻/捏肛法** 轻翻/捏雏鸡泄殖腔，有米粒大小突起的为公雏。

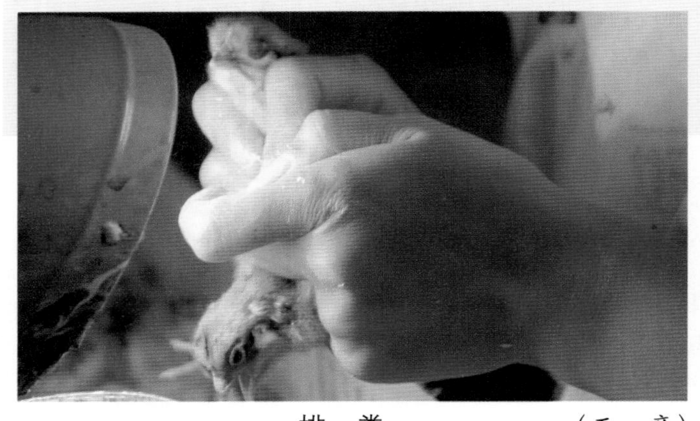
排 粪 （王 彦）

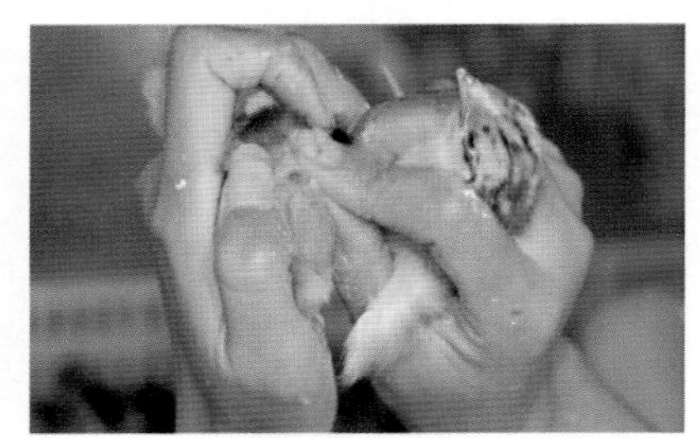
翻肛鉴别 （王 彦）

翻肛必须在光线强的地方，并且动作要轻柔，以免给雏鸡造成不必要的伤害。

初生雏禽雌雄鉴别有几个好处：

- 可以节省饲料，并根据需要分类培养。
- 节省禽舍、劳动力等费用。
- 提高母雏的成活率和整齐度。

五、预防接种

出壳后第一天接种马立克氏疫苗，根据实际情况进行其他免疫。

注射马立克疫苗　（王　彦）

六、清扫消毒

出雏完毕（鸡一般在第22天上午），首先拣出死胎和残雏、死雏，并登记在表。然后对出雏器、出雏室、雏鸡处置室和洗涤室进行彻底的清扫消毒。

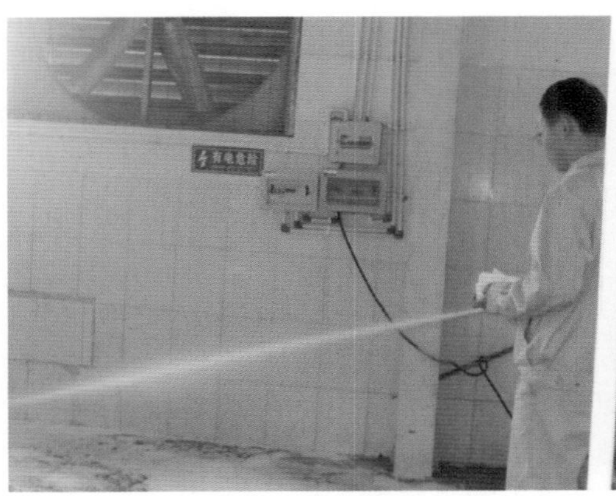

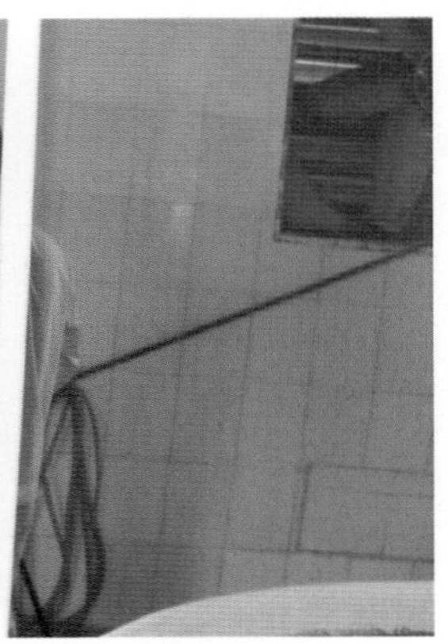

出雏后消毒　（江西圣迪乐村）

七、停电时的措施

在孵化过程中如遇到电源中断或孵化器出故障时，要采取下列各项措施。

➢ 应备有发电机，以应停电的急需。

➢ 停电后首先拉电闸，室温提高至27 ～ 30℃，不低于25℃。

➢ 孵化前要注意保暖，孵化后要注意散热。

➢ 孵化中、后期：停电后每隔15 ～ 20分钟转蛋1次；每隔2 ～ 3小时把机门打开半边，拨动风扇2 ～ 3分钟，驱散机内积热，以免烧死胚胎。

➢ 如机内有孵化17天的鸡蛋，闷在机内过久容易热死，应提早落盘。

八、孵化记录表

孵化记录表可准确地反映种蛋的孵化情况，技术人员可通过对记录表的分析来监测孵化，并对出现的问题进行及时的调整。

孵化厅值班记录表

孵机号 日期： 蛋龄： 上孵时间： 上孵数量：

时间(h)	温度（℃）			湿度（%）		风门位置		翻蛋次数		孵化机运转情况	备注
	设定	门表	实际	设定	实际	设定	实际	设定	实际		
00:00											
02:00											
04:00											
06:00											
08:00											
10:00											
12:00											
14:00											
16:00											
18:00											
20:00											
22:00											

蛋　源： 落盘时间：

照蛋记录： 出雏记录：

值班员： 接班员： 交接时间：

（张　姚）

孵化成绩统计表可直观地反映种蛋的受精情况，技术人员可根据此类信息对人工授精进行合理的调整；同时，还可以间接地反映种鸡的生产状况。

孵化成绩统计表

时间/批次	品种/品系	入孵蛋数	无精蛋数	死精蛋数	弱雏数	受精率(%)	受精蛋孵化率(%)	健雏率(%)	负责人

（张　姚）

4 第四章 蛋鸡的营养与饲料

第一节 蛋鸡的营养需要

蛋鸡的营养需要包括对能量、蛋白质和氨基酸、脂肪酸、矿物元素、维生素和水的需要。

一、生长蛋鸡的营养需要

生长蛋鸡的营养需要

营养指标	单位	0～8周龄	9～18周龄	19周龄至开产
代谢能	兆焦／千克（兆卡／千克）	11.91(2.85)	11.70(2.80)	11.50(2.75)
粗蛋白	%	19.0	15.5	17.0
蛋白能量比	克／兆焦（克／兆卡）	15.95(66.67)	13.25(55.30)	14.78(61.82)
赖氨酸能量比	克／兆焦（克／兆卡）	0.84(3.51)	0.58(2.43)	0.61(2.55)
赖氨酸	%	1.00	0.68	0.70
蛋氨酸	%	0.37	0.27	0.34
蛋氨酸+胱氨酸	%	0.74	0.55	0.64
苏氨酸	%	0.66	0.55	0.62
色氨酸	%	0.20	0.18	0.19
精氨酸	%	1.18	0.98	1.02
亮氨酸	%	1.27	1.01	1.07
异亮氨酸	%	0.71	0.59	0.60
苯丙氨酸	%	0.64	0.53	0.54
苯丙氨酸+酪氨酸	%	1.18	0.98	1.00
组氨酸	%	0.31	0.26	0.27
脯氨酸	%	0.50	0.34	0.44
缬氨酸	%	0.73	0.60	0.62
甘氨酸+丝氨酸	%	0.82	0.68	0.71
钙	%	0.90	0.80	2.00
总磷	%	0.70	0.60	0.55

（续）

营养指标	单位	0～8周龄	9～18周龄	19周龄至开产
非植酸磷	%	0.40	0.35	0.32
钠	%	0.15	0.15	0.15
氯	%	0.15	0.15	0.15
铁	毫克／千克	80	60	60
铜	毫克／千克	8	6	8
锌	毫克／千克	60	40	80
锰	毫克／千克	60	40	60
碘	毫克／千克	0.35	0.35	0.35
硒	毫克／千克	0.30	0.30	0.30
亚油酸	%	1.00	1.00	1.00
维生素A	国际单位／千克	4 000	4 000	4 000
维生素D	国际单位／千克	800	800	800
维生素E	国际单位／千克	10	8	8
维生素K	国际单位／千克	0.5	0.5	0.5
硫胺素	毫克／千克	1.8	1.3	1.3
核黄素	毫克／千克	3.6	1.8	2.2
泛酸	毫克／千克	10	10	10
烟酸	毫克／千克	30	11	11
吡哆醇	毫克／千克	3	3	3
生物素	毫克／千克	0.15	0.10	0.10
叶酸	毫克／千克	0.55	0.25	0.25
维生素B_{12}	毫克／千克	0.010	0.003	0.004
胆碱	毫克／千克	1 300	900	500

注：根据中型体重鸡制定，轻型鸡可酌减10%；开产日龄按5%产蛋率计算。
（资料来源：NY/T 33—2004《中国鸡饲养标准》。）

二、产蛋鸡的营养需要

产蛋鸡的营养需要

营养指标	单位	开产至高峰期（产蛋率>85%）	高峰后（产蛋率<85%）	种鸡
代谢能	兆焦／千克（兆卡／千克）	11.29(2.70)	10.87(2.65)	11.29(2.70)
粗蛋白	%	16.5	15.5	18.0
蛋白能量比	克／兆焦（克／兆卡）	14.61(61.11)	14.26(58.49)	15.94(66.67)
赖氨酸能量比	克／兆焦（克／兆卡）	0.64(2.67)	0.61(2.54)	0.63(2.63)
赖氨酸	%	0.75	0.70	0.75
蛋氨酸	%	0.34	0.32	0.34
蛋氨酸+胱氨酸	%	0.65	0.56	0.65
苏氨酸	%	0.55	0.50	0.55

（续）

营养指标	单位	开产至高峰期（产蛋率>85%）	高峰后（产蛋率<85%）	种鸡
色氨酸	%	0.16	0.15	0.16
精氨酸	%	0.76	0.69	0.76
亮氨酸	%	1.02	0.98	1.02
异亮氨酸	%	0.72	0.66	0.72
苯丙氨酸	%	0.58	0.52	0.58
苯丙氨酸+酪氨酸	%	1.08	1.06	1.08
组氨酸	%	0.25	0.23	0.25
缬氨酸	%	0.59	0.54	0.59
甘氨酸+丝氨酸	%	0.57	0.48	0.57
可利用赖氨酸	%	0.66	0.60	—
可利用蛋氨酸	%	0.32	0.30	—
钙	%	3.5	3.5	3.5
总磷	%	0.60	0.60	0.60
非植酸磷	%	0.32	0.32	0.32
钠	%	0.15	0.15	0.15
氯	%	0.15	0.15	0.15
铁	毫克/千克	60	60	60
铜	毫克/千克	8	8	6
锌	毫克/千克	60	60	60
锰	毫克/千克	80	80	60
碘	毫克/千克	0.35	0.35	0.35
硒	毫克/千克	0.30	0.30	0.30
亚油酸	%	1	1	1
维生素A	国际单位/千克	8000	8000	8000
维生素D	国际单位/千克	1600	1600	1600
维生素E	国际单位/千克	5	5	10
维生素K	国际单位/千克	0.5	0.5	1.0
硫胺素	毫克/千克	0.8	0.8	0.8
核黄素	毫克/千克	2.5	2.5	3.8
泛酸	毫克/千克	2.2	2.2	10
烟酸	毫克/千克	20	20	30
吡哆醇	毫克/千克	3.0	3.0	4.5
生物素	毫克/千克	0.10	0.10	0.15
叶酸	毫克/千克	0.25	0.25	0.35
维生素B_{12}	毫克/千克	0.004	0.004	0.004
胆碱	毫克/千克	500	500	500

注：根据中型体重鸡制定，轻型鸡可酌减10%；开产日龄按5%产蛋率计算。
（资料来源：NY/T 33—2004《中国鸡饲养标准》。）

第二节　饲料种类

蛋鸡的饲料主要分为能量饲料、蛋白质饲料、矿物质饲料和添加剂饲料。

一、能量饲料

包括谷实类（玉米、高粱、小麦、稻谷等）、糠麸类（小麦麸、米糠等）、块根块茎及副产物（甘薯、马铃薯等）和油脂等，一般占配方比例的50%～80%以上。

玉　米　　（白世平）

稻　谷　　（郑　萍）

饲喂效果不如玉米，含有大量的非淀粉多糖，增加食糜的黏度，降低养分消化率

小　麦　　（白世平）

有效能值略低于玉米，适口性差，应用时尤其要注意抗营养因子单宁的含量

高　粱　　（白世平）

麦　麸　　　　（白世平）

细 米 糠　　　（白世平）

玉米酒精糟
（圣迪乐生态食品有限公司）

脂 肪 粉　　　（郑　萍）

二、蛋白质饲料

包括植物性蛋白质（豆饼粕、菜籽饼粕、棉籽饼粕、花生饼粕等）和动物性蛋白质（鱼粉和肉骨粉等）。

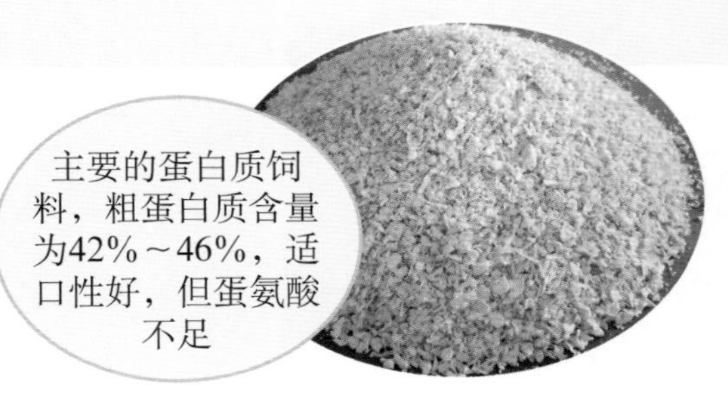

豆　粕　　　（白世平）

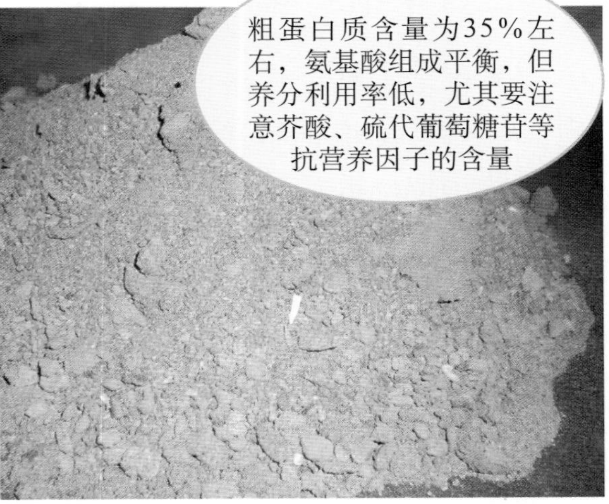

菜 籽 粕　　　（白世平）

棉籽粕 （郑 萍）

蛋白质含量高，但氨基酸不平衡，可补充玉米黄素，增加蛋黄颜色

玉米蛋白粉 （郑 萍）

鱼 粉 （郑 萍）

营养差异大，粗蛋白质含量平均为40%～50%；氨基酸平衡，但必须控制卫生指标

肉骨粉
（圣迪乐生态食品有限公司）

三、矿物质饲料

主要指常量矿物质饲料，包括钙源性饲料（石粉、贝壳粉、蛋壳粉等）、磷源性饲料（磷酸氢钙、磷酸钙等）和食盐等。

细粒碳酸钙粉 （白世平）

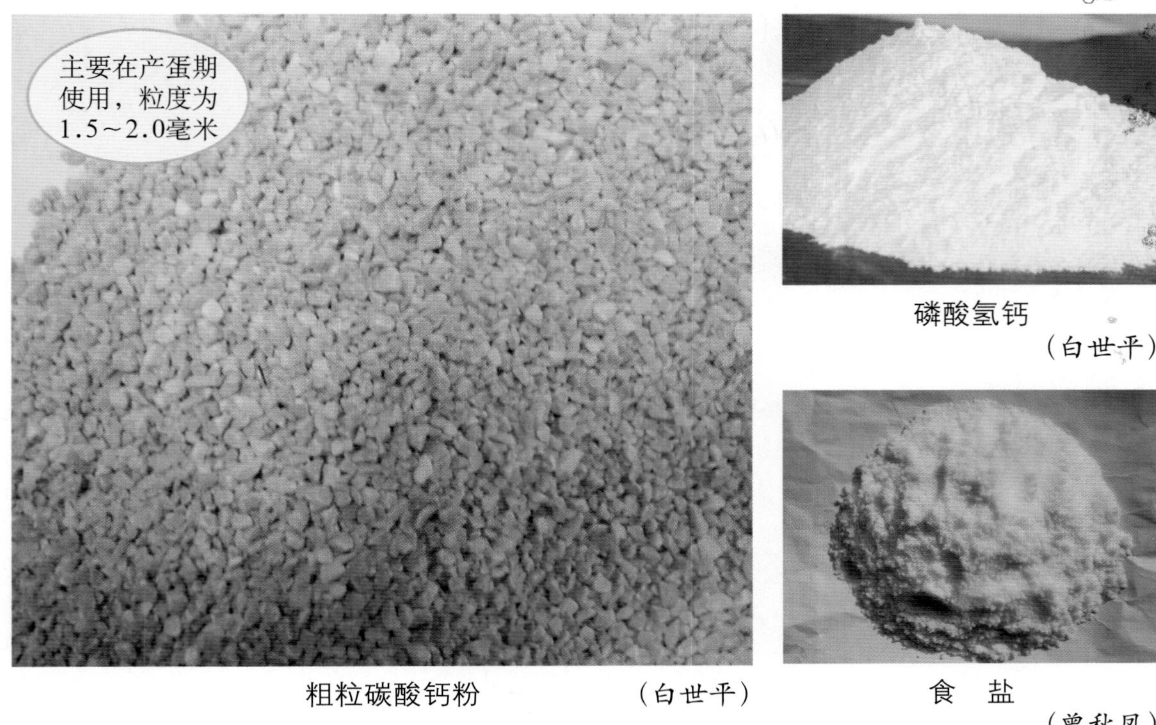

磷酸氢钙
（白世平）

粗粒碳酸钙粉　（白世平）

食　盐
（曾秋风）

四、添加剂类饲料

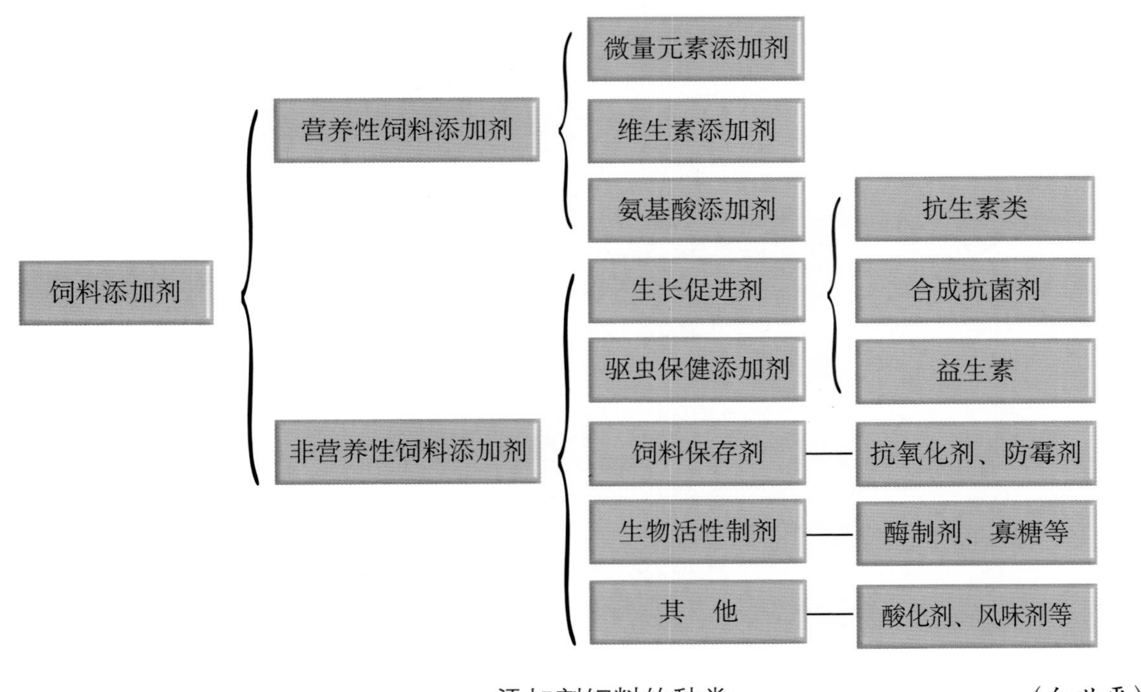

添加剂饲料的种类　（白世平）

硫酸亚铁（$FeSO_4 \cdot 7H_2O$）

（白世平）

硫酸锌（$ZnSO_4 \cdot 7H_2O$）

（白世平）

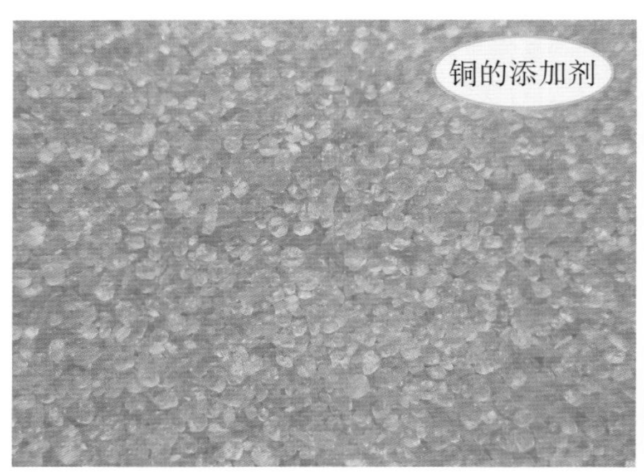

晶体硫酸铜（$CuSO_4 \cdot 5H_2O$）

（郑　萍）

亚硒酸钠（Na_4SeO_3）预混料

（白世平）

碘 化 钾

（白世平）

复合维生素预混料

（白世平）

维生素C

（郑　萍）

补充赖氨酸，含L－赖氨酸51%，一般添加量：0.05%～0.30%

饲料级65% L－赖氨酸硫酸盐

（郑　萍）

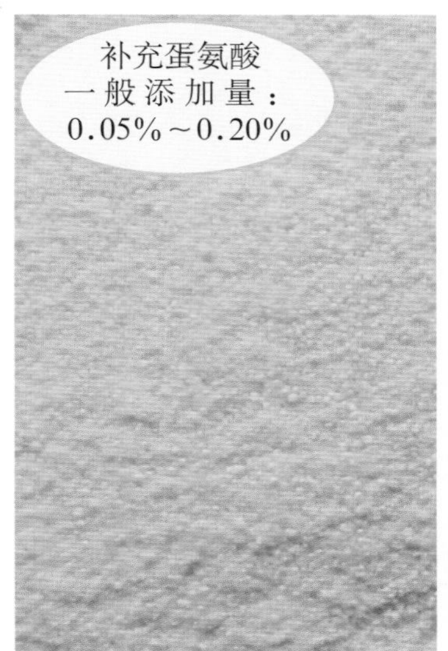

DL－蛋氨酸

（郑　萍）

抗氧化剂——乙氧基喹啉、二丁基羟基甲苯等复合物

（郑　萍）

第三节　饲粮配制

一、配合饲料类型

包括全价配合饲料、浓缩饲料和添加剂预混料。

配合饲料类型及其使用

配合饲料类型	所含饲料原料	使用注意事项
全价配合饲料	能量饲料＋蛋白质饲料＋常量矿物质饲料（钙、磷和食盐）＋添加剂预混合饲料	养分种类齐全，数量足够，比例平衡，直接饲喂给蛋鸡，不必额外添加其他饲料原料
浓缩饲料	蛋白质饲料＋常量矿物质饲料（钙、磷和食盐）＋添加剂预混合饲料	占全价配合饲料的20%～40%，与能量饲料合理搭配后喂给蛋鸡
超浓缩饲料	少量蛋白质饲料＋常量矿物质饲料（钙、磷和食盐）＋添加剂预混合饲料	占全价配合饲料的10%～20%，与蛋白质和能量饲料合理搭配后喂给蛋鸡
基础预混料	矿物质饲料＋维生素饲料＋氨基酸＋添加剂＋载体或稀释剂	用量2%～6%，不能直接饲喂给蛋鸡
添加剂预混料	微量矿物元素饲料＋维生素饲料＋其他添加剂＋载体或稀释剂	单一或复合类型，用量≤1%，不能直接饲喂给蛋鸡

二、配制饲粮

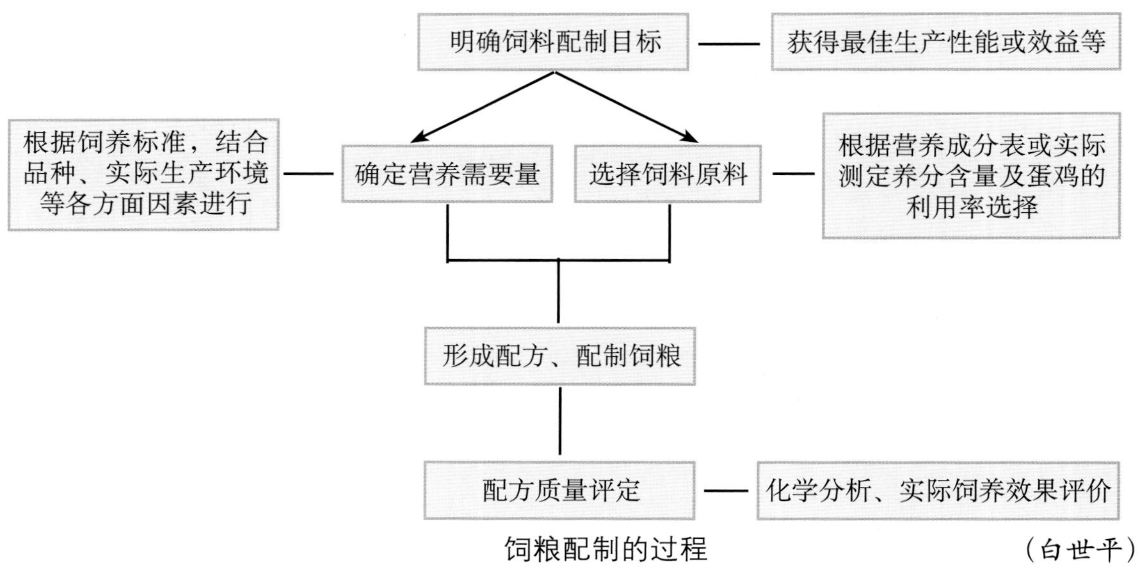

饲粮配制的过程

（白世平）

三、饲料安全

● 控制饲料源性有毒有害物质

饲料原料中有毒有害物质的种类

原料类型	原料名称	有毒有害物质种类
植物性饲料	豆粕	植物凝集素、蛋白酶抑制剂、脲酶等
	高粱	单宁等
	菜籽粕	硫葡萄糖苷、芥子碱、植酸、单宁等
	棉籽粕	游离棉酚、环丙烯脂肪酸、单宁
动物性饲料	鱼粉	过氧化物、肌胃糜烂素、组胺等
	肉粉、肉骨粉	病原蛋白
矿物质饲料	磷酸盐类	氟
	碳酸钙类	铅、砷等重金属
	骨粉	氟、铅、砷等有毒金属元素，病菌

● **防止非饲料源性有毒有害物质的污染**　控制霉菌毒素、农药、病原菌、有毒金属元素超标。

● **按规定使用饲料药物添加剂，严禁使用违禁药物**

● **不要过量添加微量元素**

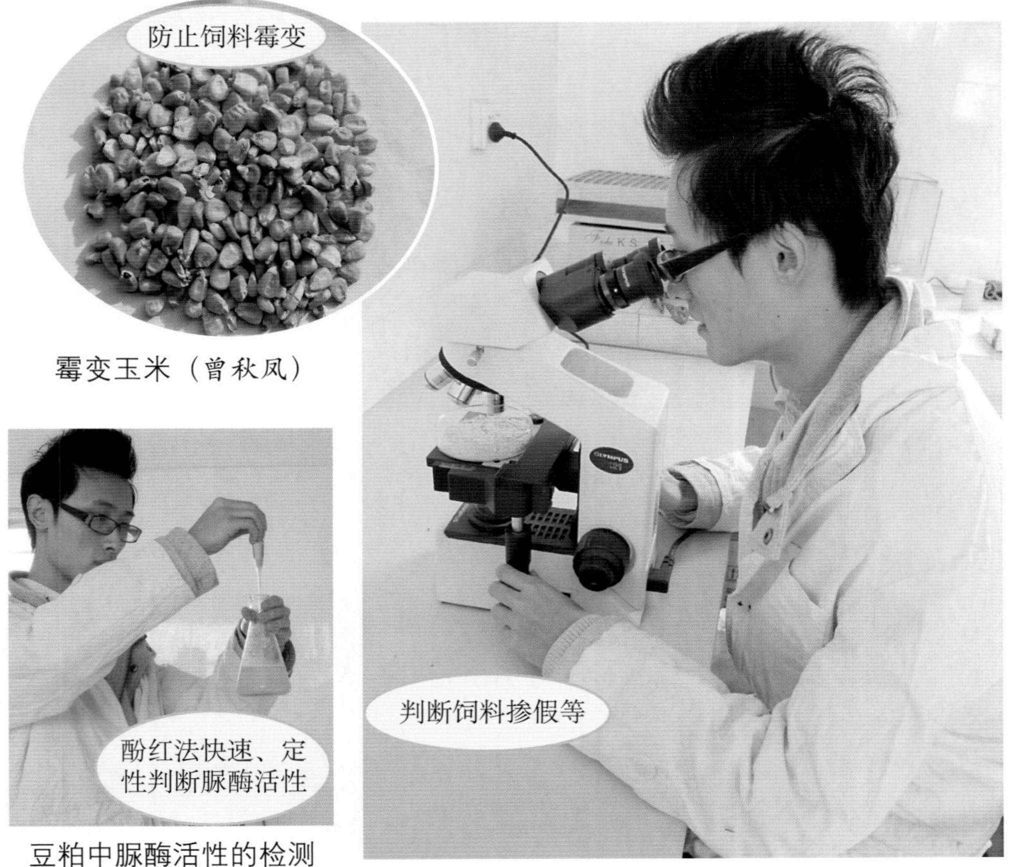

霉变玉米（曾秋凤）

豆粕中脲酶活性的检测（白世平）

饲料镜检　（白世平）

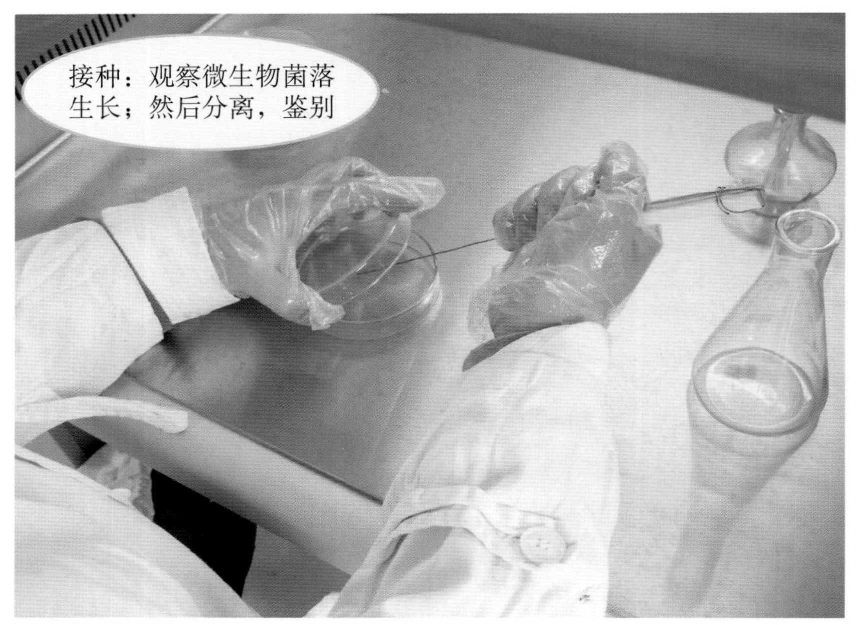

饲料中病原微生物的鉴别　（白世平）

饲料药物和违禁品的检测
（圣迪乐生态食品有限公司）

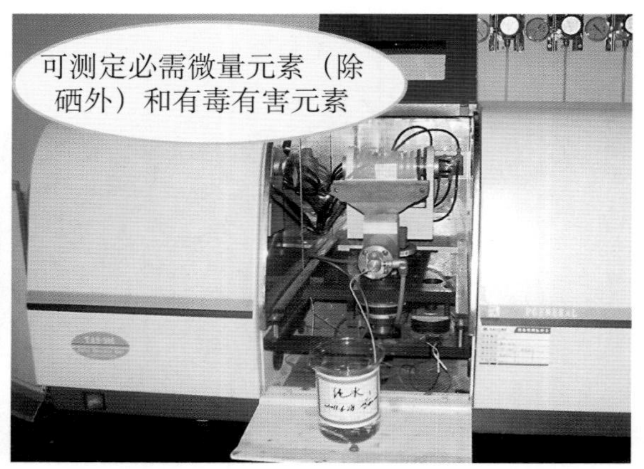

饲料的矿物元素检测
（圣迪乐生态食品有限公司）

四、蛋鸡参考饲料配方

育雏期：玉米31.75%、小麦15.00%、大麦15.00%、豆粕32.05%、植物油2.31%、食盐0.33%、碳酸钙2.12%、磷酸氢钙0.71%、DL－蛋氨酸0.20%、赖氨酸的盐酸盐0.04%、苏氨酸0.11%、维生素和微量元素添加剂预混料0.38%

育雏期蛋鸡
（尹华东）

育成期：玉米14.60%、小麦27.00%、大麦27.00%、豆粕15.92%、植物油1.82%、葵花子粕10.00%、食盐0.33%、碳酸钙2.26%、磷酸氢钙0.38%、DL－蛋氨酸0.14%、赖氨酸的盐酸盐0.15%、苏氨酸0.02%、维生素和微量元素添加剂预混料0.38%

育成期蛋鸡　　（白世平）

产蛋期（产蛋率>70%）：玉米59.32%、豆粕28.30%、植物油1.26%、食盐0.38%、贝壳粉4.00%、碳酸钙4.51%、磷酸氢钙1.08%、DL－蛋氨酸0.15%、添加剂预混料1.00%

产蛋期（产蛋率<70%）：玉米65.88%、豆粕20.86%、菜籽粕3.20%、碳酸钙7.82%、磷酸氢钙1.13%、食盐0.37%、氯化胆碱0.1%、DL－蛋氨酸0.10%、添加剂预混料0.54%

产蛋期蛋鸡　　（白世平）

第四节　饲料的加工与贮藏

一、饲料加工

● **粉碎**　粉碎粒度一般雏鸡饲料在1.00毫米以下，育成期蛋鸡饲料在1～2.00毫米以下，产蛋鸡饲料在2.00～2.5毫米。

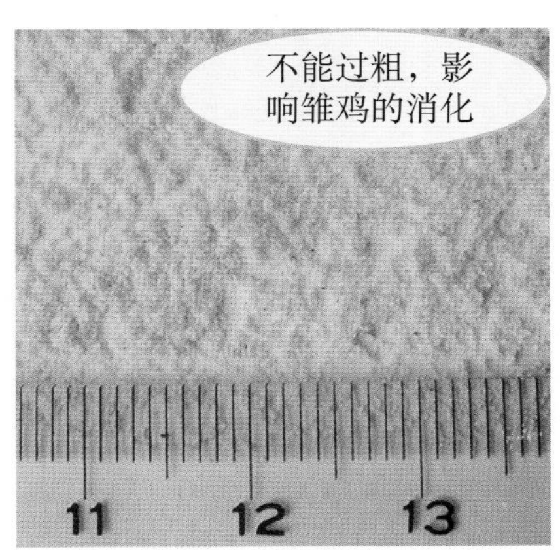

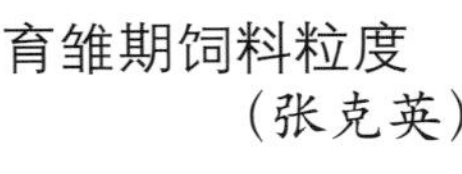

育雏期饲料粒度
（张克英）

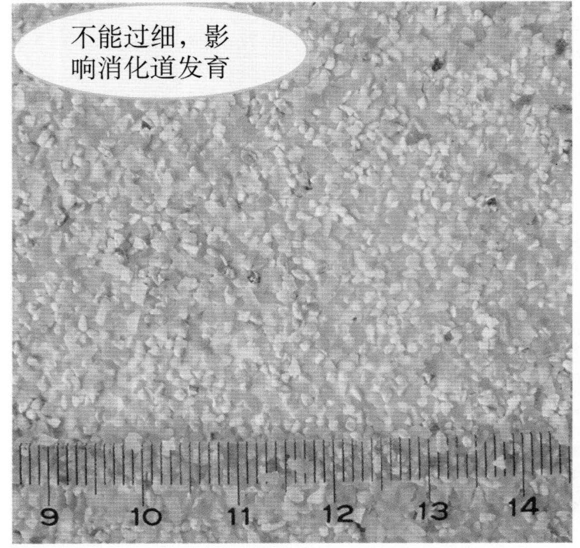

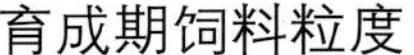
育成期饲料粒度

（张克英）

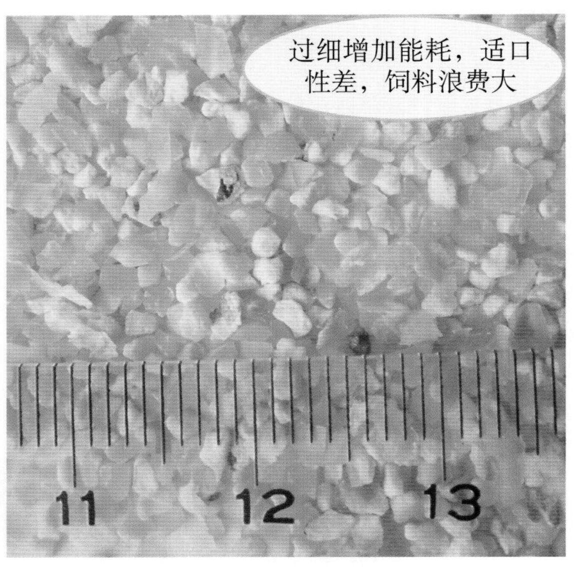

产蛋鸡饲料粒度

（张克英）

● **混合**　混合能保证饲料原料均匀，确保配合饲料的营养成分分布均匀。将粉碎后的饲料原料和各种预混合的预混料按不同配比混合，形成了粉状饲料。

饲料混合机械

（曾秋凤）

粉状饲料

（白世平）

● **制粒**　制粒是将粉状配合饲料或单一原料（米糠、牧草等）经挤压作用而成型为粒状饲料的过程，生产的配合饲料叫颗粒饲料，将颗粒饲料重新破碎成不同的粒度，叫破碎料。

颗粒饲料

（白世平）

破 碎 料

（白世平）

二、饲料贮藏

正确贮存饲料水分含量应不高于13％，环境温度控制在15～18℃以下，相对湿度应保持在65％以下；可以添加防霉剂、防虫剂和抗氧化剂。

饲料的贮藏

（白世平）

第五节　饲料选购

选购配合饲料时的注意事项

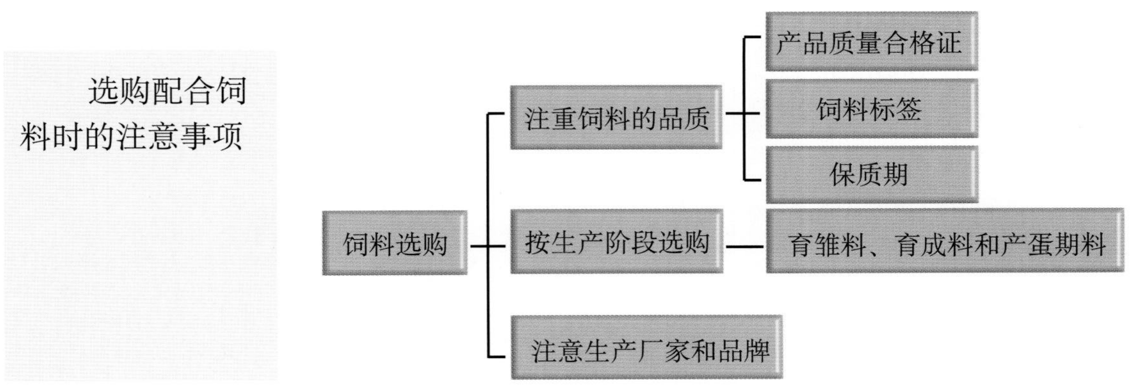

5 第五章 蛋鸡的饲养管理

● 饲养管理的基本内容

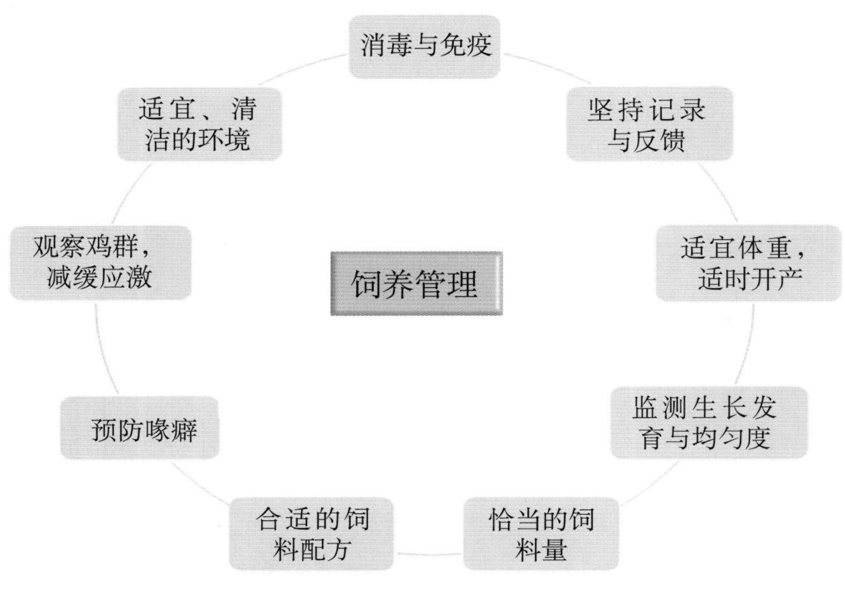

● 饲养方式与阶段划分 国内蛋鸡养殖中普遍采用三段式和两段式两种饲养模式。近年来，越来越多的养殖场采用两段式模式，甚至建立专门的育雏育成场和蛋（种）鸡场，达到全场的“全进全出”，可获得更好的生产性能。

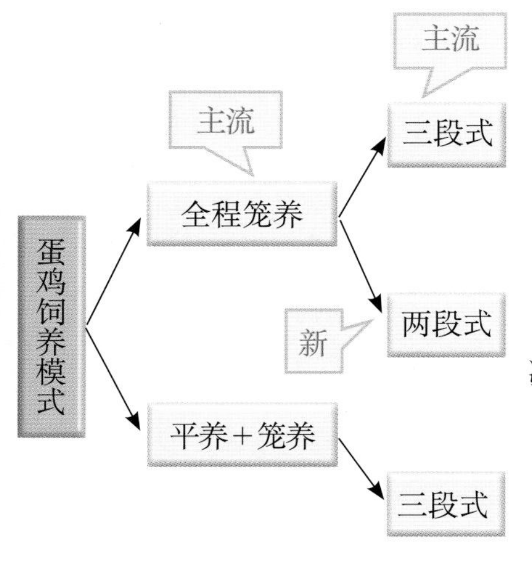

育雏舍（0～6周龄）
育成舍（7～17周龄）
产蛋舍（18～65周龄）
2次转群，应激大

育雏育成舍（0～15周龄）
产蛋舍（16～65周龄）
1次转群，应激小，性能优
减少笼舍投入

笼养育雏（0～6周龄）
放养育成（7～18周龄）
笼养产蛋（19～65周龄）
培育质量高，性能优，多用于土种蛋鸡

本章按传统的三阶段模式进行编写。其中，产蛋期又细分为预产期、产蛋高峰期和产蛋后期，流程如下：

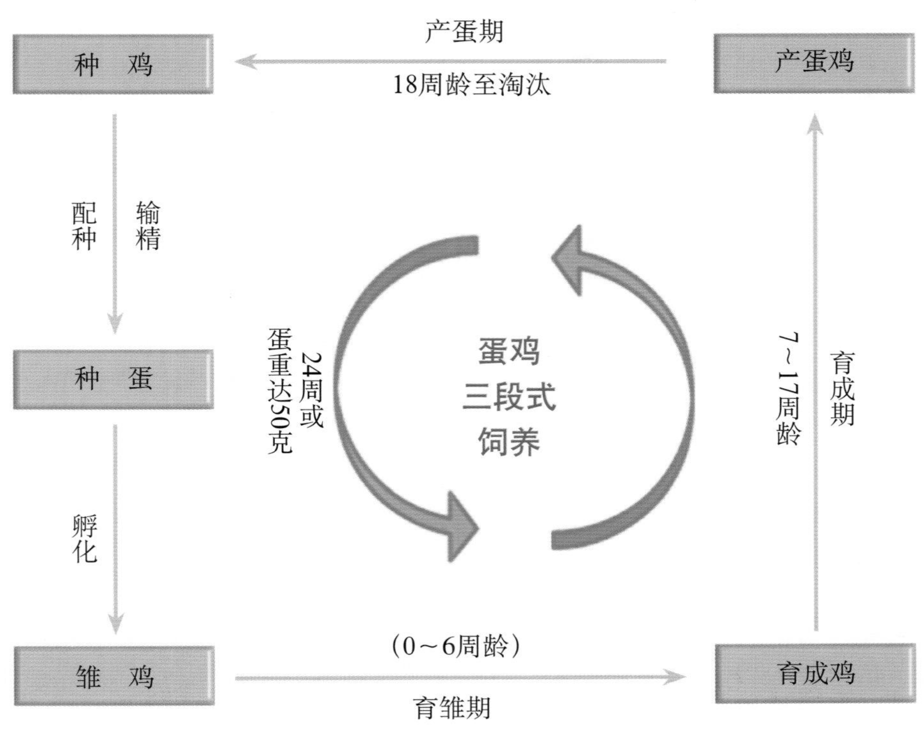

第一节　育雏期（0～6周龄）的饲养管理

一、育雏期目标

- 鸡群健康，0 ～ 6周存活率99%以上。
- 体重达标，均匀度在85%以上。
- 体型发育良好，无多余的脂肪。

二、育雏舍日常操作程序

时间	工作内容	注意事项
8:00—8:10	观察记录和调节温、湿度，观察健康状况，如有异常及时报告	1．升温期间保证鸡舍内的温度、湿度与《温度、湿度控制表》相符，1天内温差控制在2℃以内 每2小时1次的温、湿度记录，必须如实填写 2．每天要有当班记录 3．除粪 4．每天晚上必须把地面上的鸡只全部抓回鸡笼，不能让鸡在地面过夜 5．18:00时至次日8:00时，饲养员轮流值班，观察调节温、湿度，补水、补料，同时按规定执行光照程序
8:10—10:30	清洗饮水器、加水、加料	
10:30—11:00	带鸡消毒和环境消毒	
11:00—12:00	扫地	
12:00—14:00	休息	
14:00—14:30	观察鸡群、补水、补料	
14:30—16:30	除粪	
16:30—17:00	清扫地面	
17:00—17:30	除煤渣，观察鸡的健康状况	
17:30—17:50	补水、补料，保证鸡只晚上不能断水、断料	
17:50—18:00	观察记录温、湿度	

三、育雏前的准备

笼具准备 → 消毒鸡舍及设备用具 → 准备饲料、疫苗及药品

按网上育雏或笼上育雏进行准备。规模化育雏，普遍采用多层重叠式育雏笼

消毒程序：冲洗→干燥→药物消毒→熏蒸→空闲2周→进鸡前3天通风

1～6周，每只鸡约消耗1.2～1.5千克饲料；保证持续、稳定的供料，不能经常变换

四、育雏期管理技术

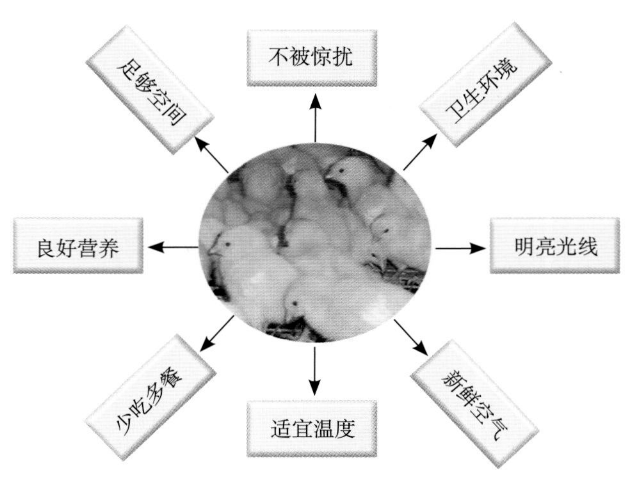

雏鸡的主要需求

● 温度管理

▲ 目标　适宜、稳定、均匀、渐减。

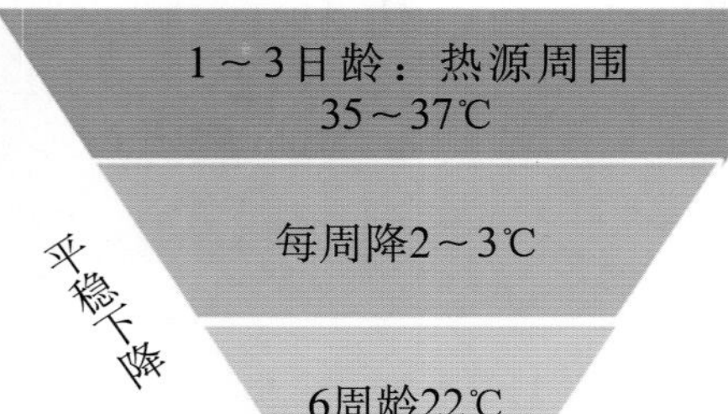

查看温度计：1～3日龄，每2小时1次；以后，每天不少于3次。
确保舍内各处温差及昼夜温差不超过1℃。

温度监测和控温要求　（杜晓惠）

除查看温度计外，还需要根据雏鸡的分布和行为来判断温度是否适宜，并及时调整，尤其要避免挤堆的情况出现，否则会有较弱的雏鸡窒息而亡。

温度适宜，
均匀分布，
行为正常

热源

热源

贼风，
躲向一侧，
挤堆

雏鸡状态

温度过高，
远离热源，
张嘴哈气

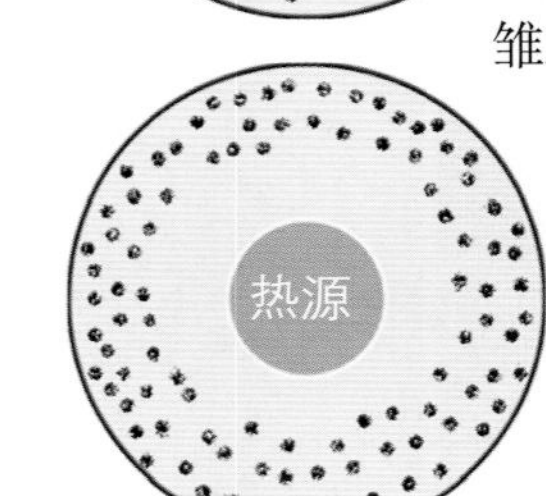

热源

温度过低，
靠近热源，
挤堆

● 湿度管理

▲ 目标　前高后低。前期防低湿，防止出现脱水；后期防高湿，预防呼吸道疾病。

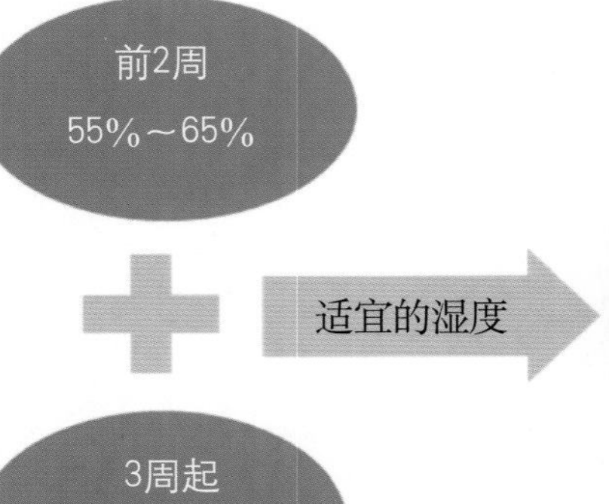

雏鸡脚爪润泽、精神良好，无羽毛黏湿

舍内无尘土飞扬，无水珠凝结

● 光照管理

▲目标　快速适应环境，同时还要避免产生啄癖。

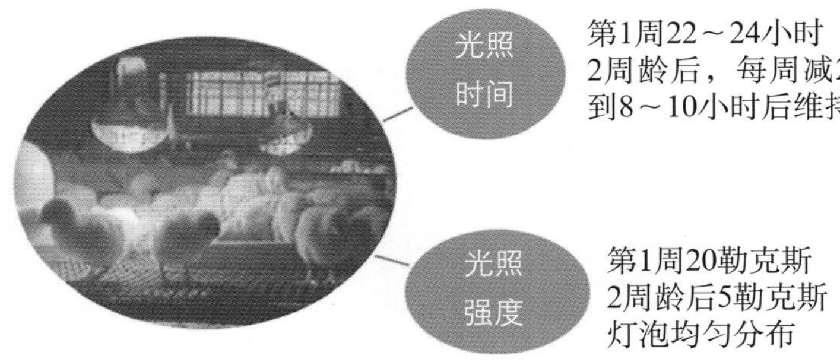

● 为避免产生啄癖，光照强度和时间都是渐减的

● 20勒克斯：15米^{2}60瓦白炽灯（9瓦节能灯）

● 5勒克斯：15米^{2}25瓦白炽灯（5瓦节能灯）

雏鸡光照要求　（杜晓惠）

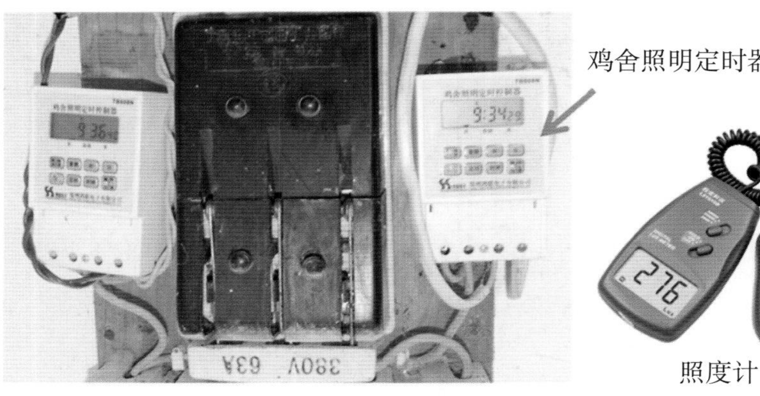

光照时间与强度的控制

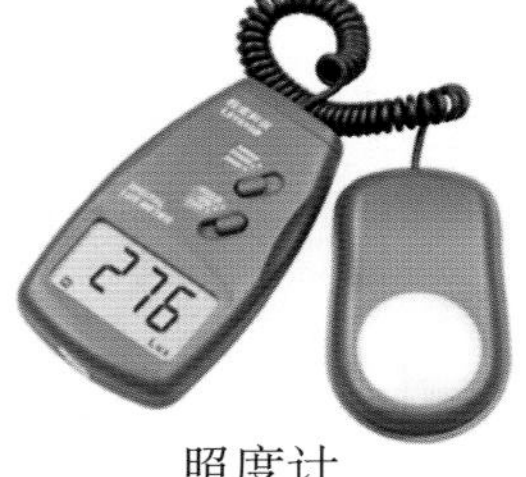

照度计

（杜晓惠）

许多鸡场安装定时自动控制开关，取代人工开关，保证光照时间准确可靠。光照强度可用照度计进行检测，而且房间各处的照度要一致。

● 通风管理

▲ 目标　保证舍内充足的氧气含量，排出热量、湿气、灰尘和有害气体。要求舍内不刺鼻和眼，不闷人，无过分臭味。

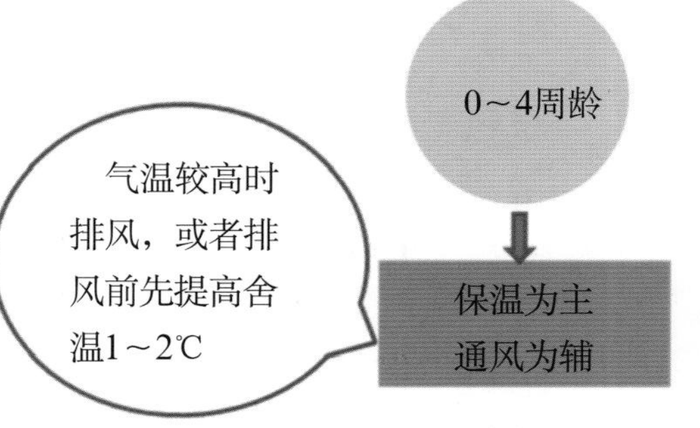

温控通风系统：高于设定温度即自动打开风机，反之则关闭风机

● 密度管理

▲ 目标　提供适宜的密度，确保雏鸡同时采食或饮水，以及适当的运动空间，以保证鸡群均匀度和健康。

周龄	网上平养（只／米^2）	立体笼养（只／米^2）
1～2	40	60
3～4	30	40
5～6	25	30

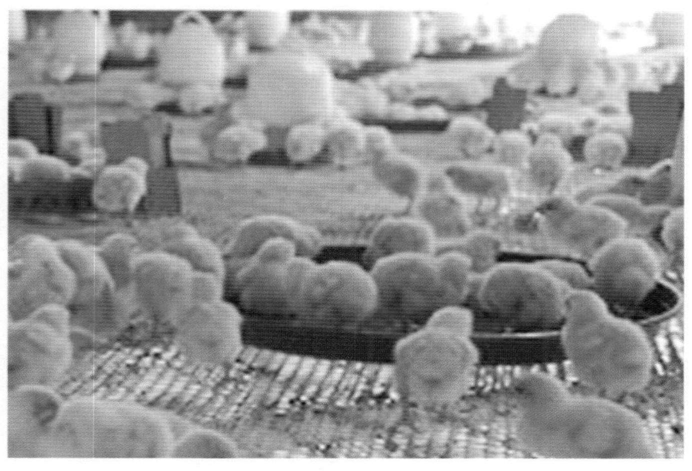

雏鸡的饲养密度　（杜晓惠）

适宜的饲养密度应随季节、周龄、品种、鸡舍环境、通风状况、饲喂条件、雏鸡体质等而异。

● 饮水管理

▲ 目标　充足、卫生。

根据实际情况，有多种饮水器可供选择，以能确证水质和饮水量为好。

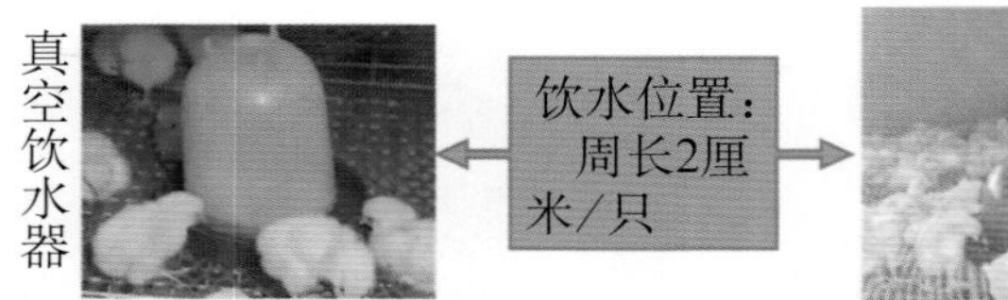

普拉松式饮水器

乳头式饮水器1～5日龄经常保持盛水杯中有水

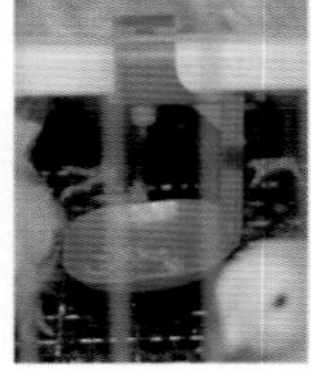

自动杯式饮水器杯中一直有水

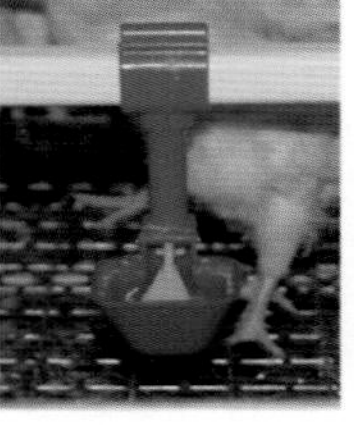

每个可供10～15只雏鸡饮水

各种饮水器　（杜晓惠）

饮水管理

初饮 → 出壳后尽早开始

水温 → 18～20℃为宜

饮水量 → 每笼调教6～10只观察饮水情况

添加物 → 初饮时加5%～6%的葡萄糖和水溶性维生素
从第2天起，可添加抗菌药3～5天

卫生 → 真空饮水器每天清洗1次
饮水管半个月消毒1次

饮水高度 → 3～4天上调1次

● 喂料管理

▲ 目标　营养、卫生、安全、充足、均匀。

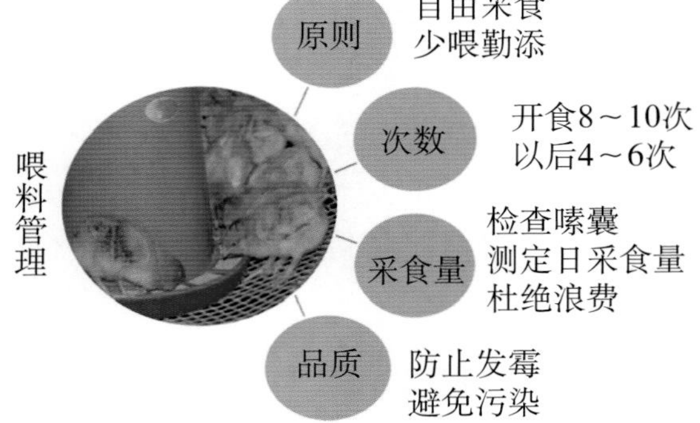

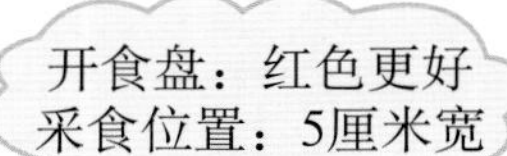

3天后逐渐过渡

宠养：料槽

平养：料桶

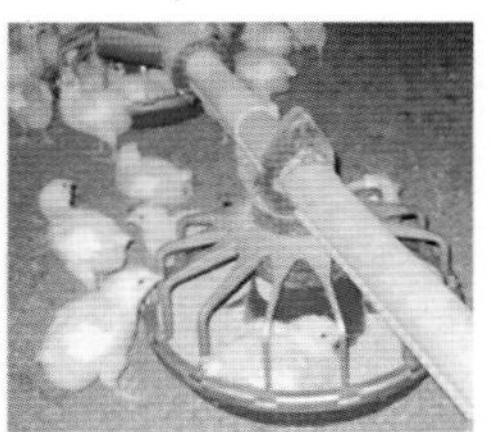

平养：自动料线

雏鸡的饲喂用具　　（杜晓惠）

● 体型管理

▲ 目标　周周达标，体重均匀度达80%以上。

抽测
时间：每周定时，空腹
选点：定点，代表性
数量：5%～10%（至少100只）

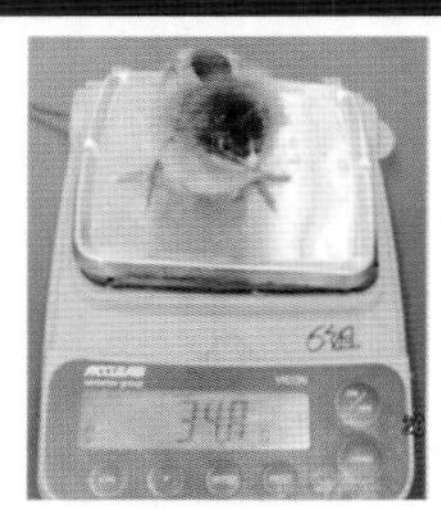

计算：平均数及均匀度

80%

$$10\%体重均匀度=\frac{(平均体重\pm10\%)鸡只数}{取样总只数}\times100$$

分析：对照标准查找原因

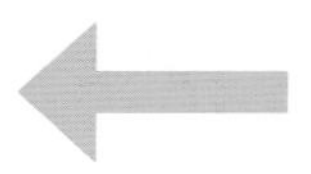

措施：合理调群改进饲养管理

关于体重均匀度的测定，除用上图的公式外，还可用下面的表格进行。表中的体重一列，应根据实际的体重极差来填写，鸡只称重后，依次填写“1”在体重最接近的栏里，最后能很便捷地计算出平均体重和均匀度。

________鸡称重记录表

场名：________　批次：________　栋号：________　栏号：________.

品系：________　日龄：________　日期：________　人员：________.

体重（克）	称重鸡数														鸡数（只）	重量（只）
100																
110	I	I	I												3	330
120	I	I	I	I	I	I									6	720
130	I	I	I	I	I	I	I	I							8	1040
……	I	I	I	I	I	I	I	I	I						9	
	I	I	I	I	I	I	I	I	I						9	
	I	I	I	I	I	I									6	
400	I	I	I												3	1200
	……			……			……			……			……			
合计																
体重标准（克）	平均体重（克）							±10%均匀度（%）							变异系数（%）	

最小体重　体重间隔　最大体重

● 预防啄癖

▲ 目标　减少应激；断喙切口平整，上短下长，长度适宜；防止出血过多。

雏鸡的啄癖　（杜晓惠）

鸡喙比较尖锐，鸡天性喜欢啄，在规模化饲养条件下，很容易出现啄癖（啄羽、啄趾、啄肛）。可以从饲养管理方面去预防啄癖。

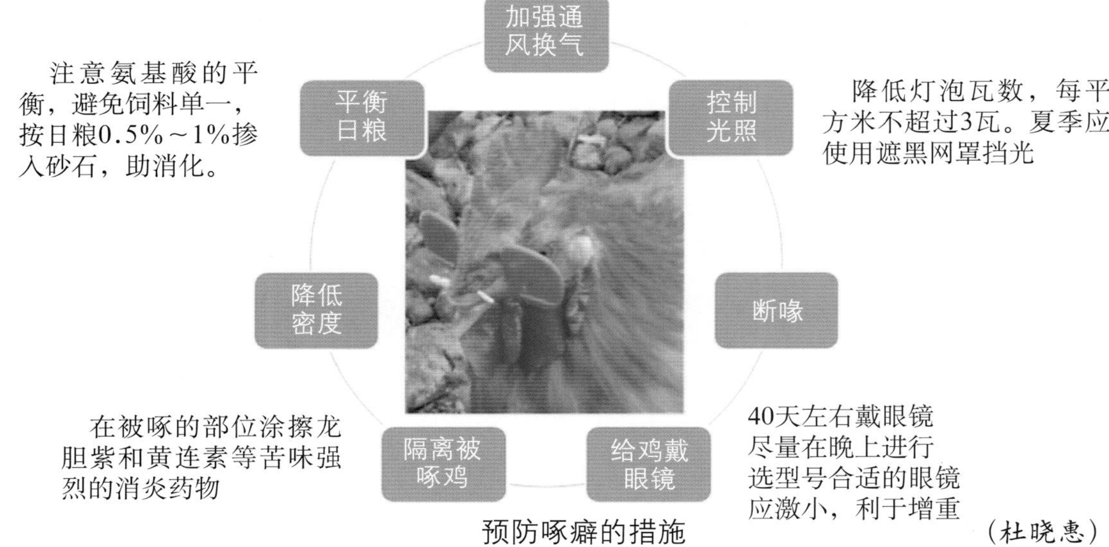

预防啄癖的措施 （杜晓惠）

在没有把握预防啄癖的情况下，规模化饲养的蛋鸡通常是需要断喙的。

时间：7～12日龄
鸡群健康
提前3天添加维生素K
组织好人员、准备好用具

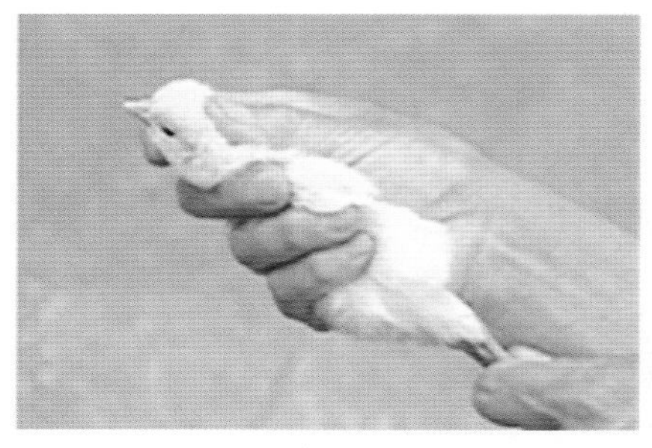

断喙前准备 → 固定头脚 → 断喙长度

选择适宜孔径 ← 高温止血2秒 ← 雏鸡嘴型 ← 断喙后管理

饲槽内多添料
加维生素K及抗炎药物
7～8周龄后修剪

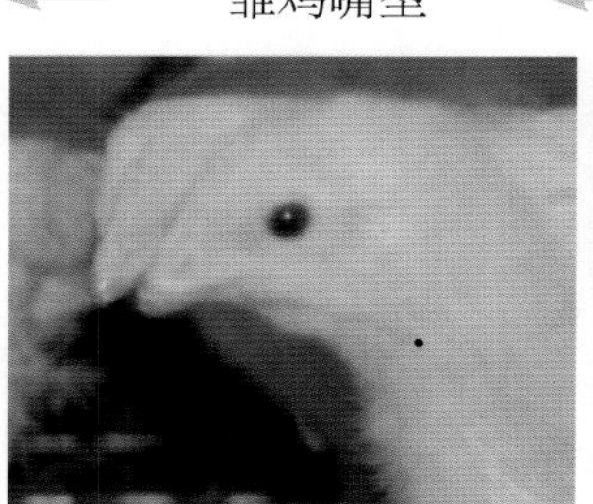

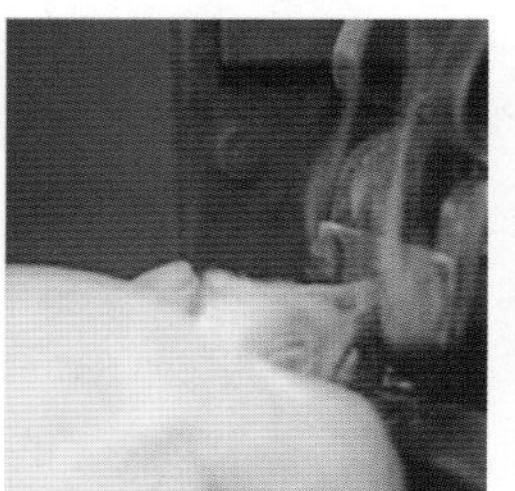

断喙流程

断喙后，如果发现嘴型异常的鸡，应该在7周龄后（最迟产蛋前1个月左右）进行修喙，否则会影响采食和生长。

断喙不良

断喙鸡正常

未断喙

正确修喙

（杜晓惠）

五、育雏期统计表

日期	日龄	死亡	实存数	死淘率	耗料（千克）	体重（克）	发病用药记录	室温	其他

育成期也需要进行这样的生产统计。

第二节　育成期（7～17周龄）的饲养管理

一、育成期目标

体况：健康，体质健壮
体型、体重达标
脂肪沉积少

均匀度：达标80%以上

性成熟：与体成熟同步
适时开产

二、育成期日常操作程序

时间	工作内容	注意事项
8:00 ~ 8:20	观察鸡群，剔出病弱鸡只单独饲养，称重	1．如遇免疫提前做好饲养工作，上班时间开始做免疫。 2．水箱每周二、周五清洗，饮水投药后立即清洗。 3．灯泡周一、周四各擦拭1次。 4．每月15和30号冲洗水管，饮水投药后立即冲洗。 5．鸡舍消毒2天1次，封场1天1次，疫病流行期每天2次，免疫前后3天不消毒，环境消毒1周1次。 6．鸡舍地面、墙壁及环境卫生每天清扫。 7．按鸡只周龄的第二天早上空腹称重。
8:20 ~ 9:20	加料、匀料、投药、打扫清洁卫生	
9:20 ~ 10:20	调群（按体重大小）	
10:20 ~ 11:00	匀料、消毒、洗水箱	
11:00 ~ 12:00	调群	
12:00 ~ 14:00	午餐、休息	
14:00 ~ 15:00	加料、匀料	
15:00 ~ 15:30	清洁（洗水管等）	
15:30 ~ 17:30	调群（按体重大小）	
17:30 ~ 18:00	匀料、统计报表	
21:00 ~ 22:00	听鸡	

三、育成期管理技术

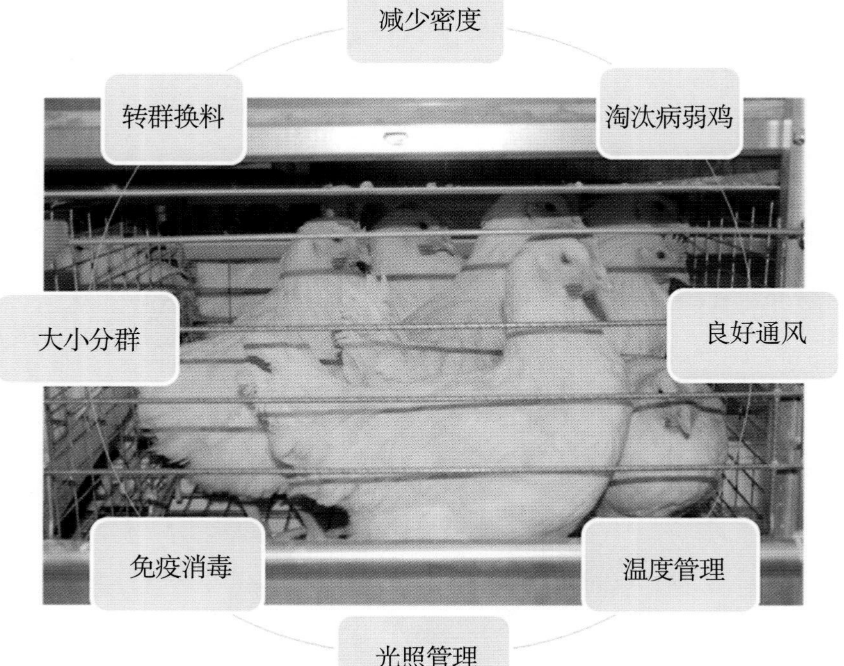

● 转群与换料管理

▲ 目标：适时转群，逐渐换料，平稳过渡，勤于观察，减少应激。

➢ 转群管理

转群前 → **转群时** → **转群后**

转群前	转群时	转群后
添加抗应激药 转群前6～12小时停料，不停水 降至转入舍温度 转入舍备好水、料，不换料	待用的车辆、物品、道路等彻底消毒 选择气温适宜的时间 轻抓轻放，避免伤害 整理、调整鸡群，选出发育不良鸡单养	添加抗应激药3天 密切观察饮水和采食 及时处理突发事件 适应1周后，再进行预防注射、换料等

➢ 换料管理

换料时间

雏鸡料 —7～8周（体重和跖长达标）→ 育成料 —16～17周（鸡冠开始变红时）→ 产蛋前期料（蛋白质含量17%、钙含量2%）

换料程序

	第1、2天	第3、4天	第5～7天	之后
本阶段料	2/3	1/2	1/3	0
待换料	1/3	1/2	2/3	1

逐渐换料，1周过渡

异常处理

生理性腹泻时，可添加一些促消化制剂
生长发育不达标时，可推迟1～2周换料

转群后，要注意满足育成鸡的采食和饮水位置。

	平　养	笼　养
采食位置	周长4～6厘米/只	8～13厘米/只
饮水位置	乳头式：9～11只/个	2.5～5厘米/只

● 体重和均匀度管理

▲ 目标：体重周周达标，均匀度达到80%以上。

➢ 适宜、均匀的饲喂量

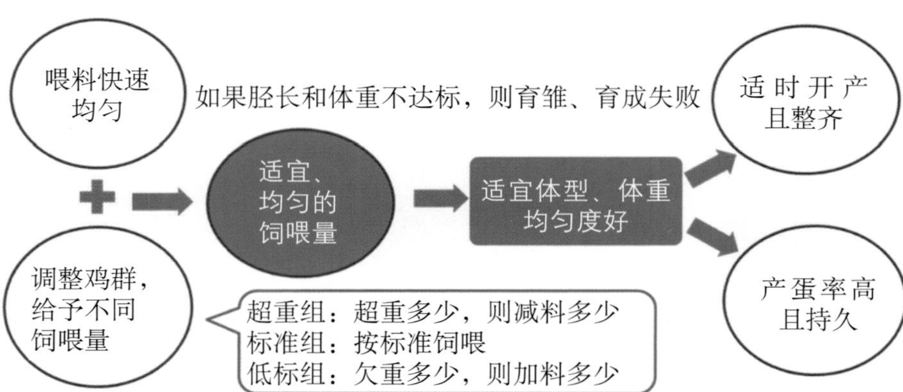

➢ **育成期不同阶段的管理要点**

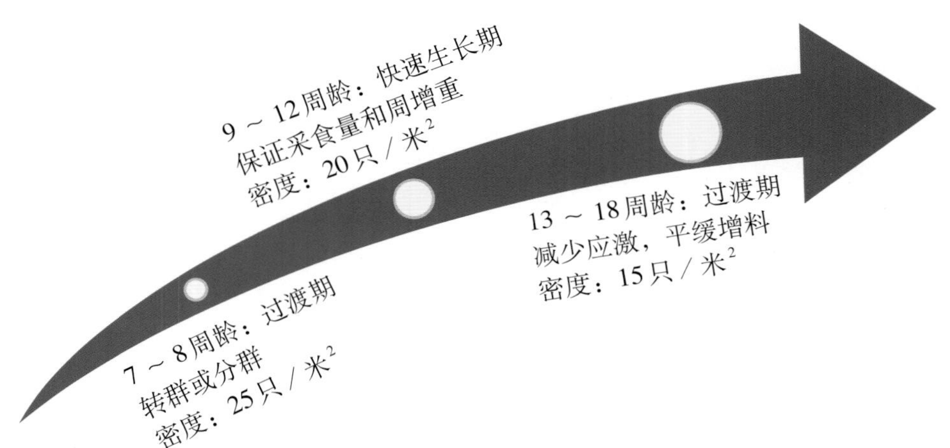

● **光照管理**

▲ **目标**　适时性成熟，必要时要跟限饲结合起来更有效。育成鸡蛋鸡宜采取较低的光照时间和较弱的光照强度，尤其是13～18周龄的育成后期，切勿增加，以免母鸡性早熟。

➢ **密闭式鸡舍光照要求**　较低的光照强度是为了防止鸡群产生啄癖。最好在鸡舍的进风口和排风口安装遮光罩，以减少自然光照的影响。

避光网　　风机遮光罩　　遮光板

➢ **开放式鸡舍**　受日照的影响，开放式育成的蛋鸡一般会提前开产，不利于生产，所以要进行人工干预。

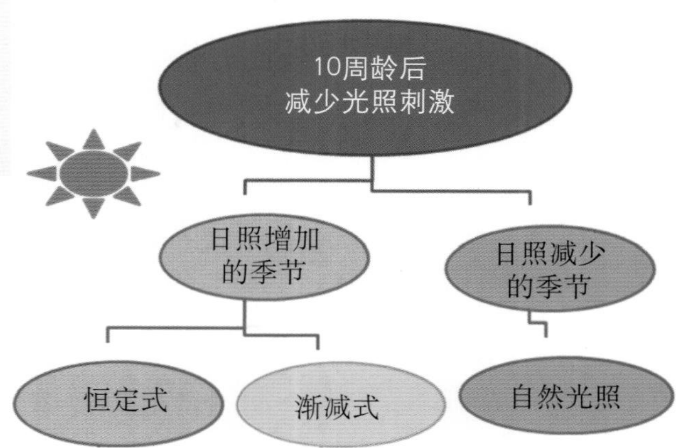

恒定式：全期都采用10 ～ 20周龄最长的自然光照时间，日照时数低时用人工光照补足。灯泡的照度要求为1 ～ 3瓦/米^2。

渐减式：2周龄时，每天光照时间约为18小时，以后每周递减15 ～ 20分钟，到18周龄时维持11小时左右。

● **温度管理**

▲ **目标**　尽量让鸡群生活在适宜温度下，避免极端温度。

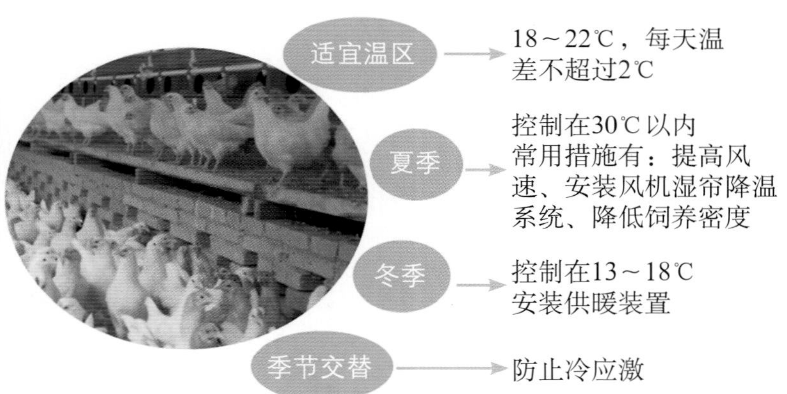

● **淘汰病弱鸡**　在饲养过程中，对生病的、发育不良的、体重差异太大的鸡只进行及时处理，或者淘汰。在开产之前，淘汰第二性征太差的、过早开产、产小蛋的鸡只。

第三节　产蛋期的饲养管理

产蛋鸡的饲养管理内容比较多，应根据蛋鸡的饲养阶段、季节、地区等差异，对下表的时间和工作内容进行调整。

一、产蛋舍日常操作程序

时间	工作内容	注意事项
5:00	开灯	产蛋栏隔天清扫1次；水箱每周二、周五清洗，饮水投药后立即清洗；灯泡周一、周四各擦拭1次；每月15和30号冲洗水管，饮水投药后立即冲洗；鸡舍消毒2天1次，封场1天1次，疫病流行期每天2次，免疫前后3天不消毒，环境消毒1周1次；鸡舍地面、墙壁及环境卫生每天清扫；种蛋熏蒸消毒剂量：每立方用高锰酸钾21克、福尔马林42毫升
5:50 ～ 6:00	观察鸡群，剔出病弱鸡只单独饲养	
6:00 ～ 7:30	加料、匀料、投药、打扫清洁卫生	
7:30 ～ 8:30	休息和吃饭	
8:30 ～ 9:00	匀料、擦灯泡	
9:00 ～ 10:00	收集第一次种蛋并熏蒸交蛋	
10:00 ～ 10:30	消毒、洗水箱	
10:30 ～ 11:00	第二次加料、匀料	
11:00 ～ 11:40	收集二次种蛋、熏蒸	
11:40 ～ 12:00	收集死鸡并统一回收处理	
12:00 ～ 14:00	午餐、休息	
14:00 ～ 15:00	匀料、收集种蛋、交蛋熏蒸、做好人工授精准备	
15:00 ～ 17:30	人工授精（种鸡）	
17:30 ～ 18:00	第三次加料、匀料、扫产蛋栏和收集死鸡、统计报表并上交	
21:00	熄灯	

说明：根据不同地区日出时间的差异，上表的时间可以后延0.5 ～ 1小时。

二、产蛋前期（18～21周龄）的饲养管理

蛋鸡育成结束到5%产蛋率这一阶段称为产蛋前期（18 ～ 21周龄）。

▲ 产蛋前期目标

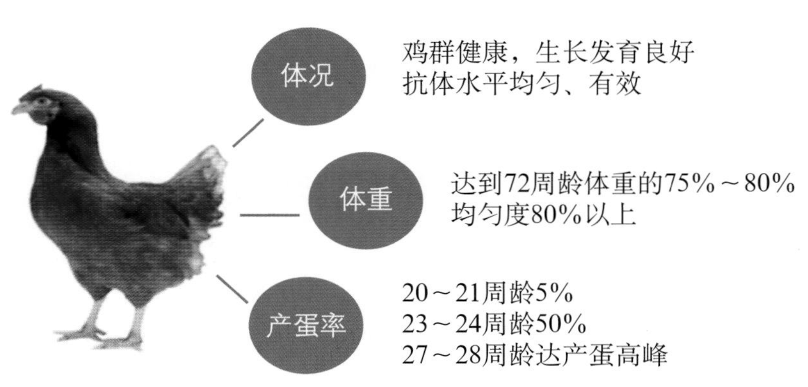

● 转群管理

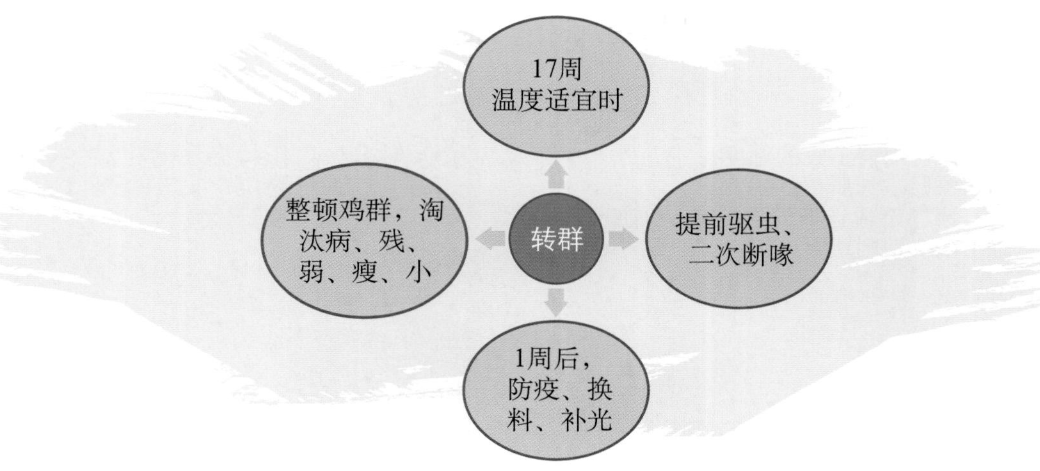

● 喂料管理

▲ 目标　营养、卫生、安全、充足、均匀。

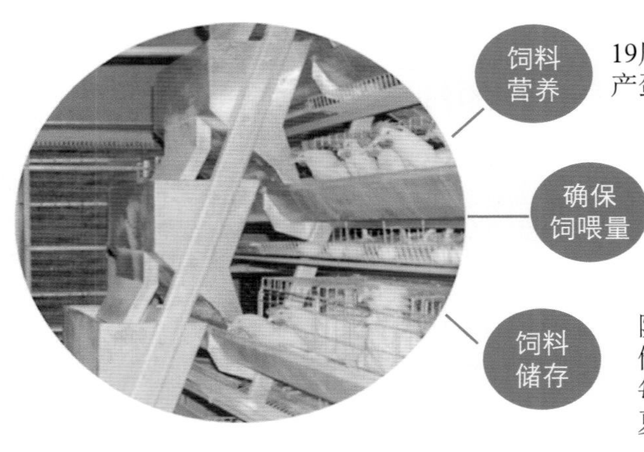

饲料营养
- 19周龄，饲喂预产料
- 产蛋率5%时，换产蛋高峰料

确保饲喂量
- 每天定时、定量饲喂3次，匀料3次
- 监测和记录鸡群日采食量和产蛋率
- 抽测体重，分群管理
- 根据产蛋率和体重增加饲喂量
- 最好采用自动喂料系统

饲料储存
- 防止发霉、污染和浪费
- 储存在干燥、通风良好处
- 每周清理储料间或料塔
- 夏季可使用防霉制剂

● 光照管理

▲ 目标　适时加光，实现体成熟与性成熟的同步化。

光照刺激过早，易造成鸡群早衰、脱肛等情况；光照刺激过晚，高峰延后，体脂沉积增加，直接影响生产效益。

光照原则
- 不得随意改变光照程序
- 只可延长不可缩短

增光时间
- 17～19周龄，体重达标后增光
- 体重不达标，推迟增光1～2周

光照时间
- 每周增加0.5～1小时，至产蛋高峰达16小时，直到淘汰前两次每次增加1小时，以后每周增加20～30分钟

光照强度
- 10～20勒克斯（开放式鸡舍偏高）安装5～7瓦的节能灯即可

产蛋前期的光照过渡

● 通风管理

▲ 目标　温度13～25℃，昼夜温差3～5℃，湿度50%～65%，空气清新，风速适宜（冬季0.1～0.2米/秒）。

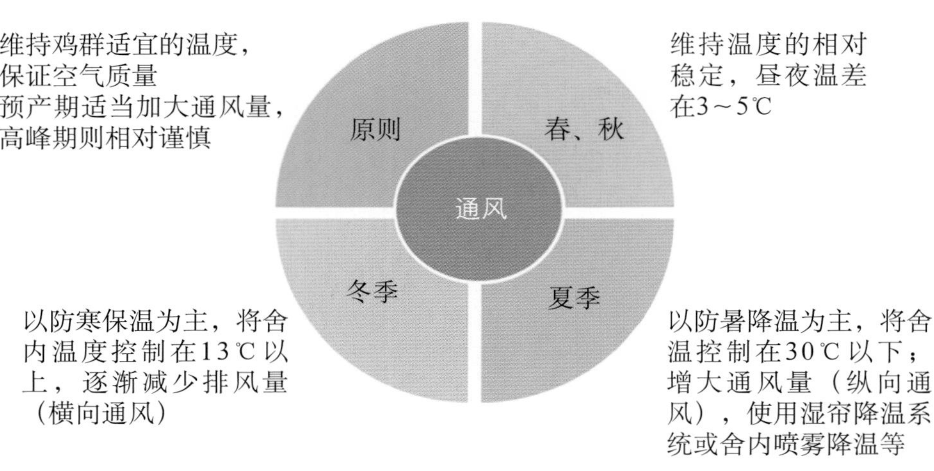

三、产蛋高峰期（22～48周龄）的饲养管理

高峰期前产蛋呈跳跃式上升，增长很快，并且体重仍在增加，鸡只生理负担大，鸡群抗应激能力下降，对外界环境的变化较敏感。

▲ 高峰期目标

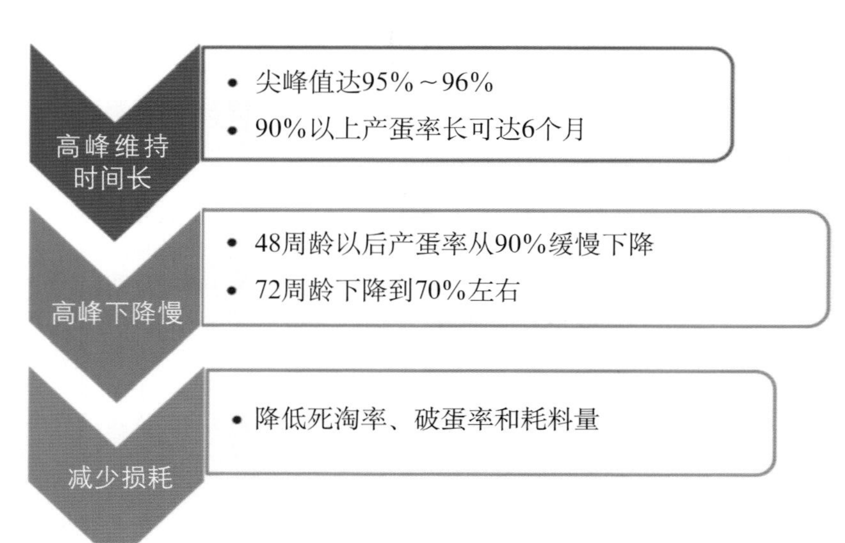

● 高峰期管理技术

在产蛋前期的基础上，高峰期更加重视喂料、防疫与应激管理，以确保稳产与高产。

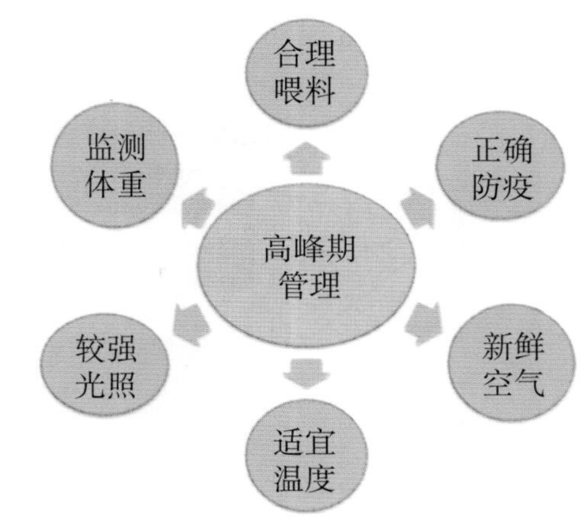

➢ 饲喂管理

▲ **目标** 确保鸡群采食到新鲜、充足、全价的高峰产蛋料。

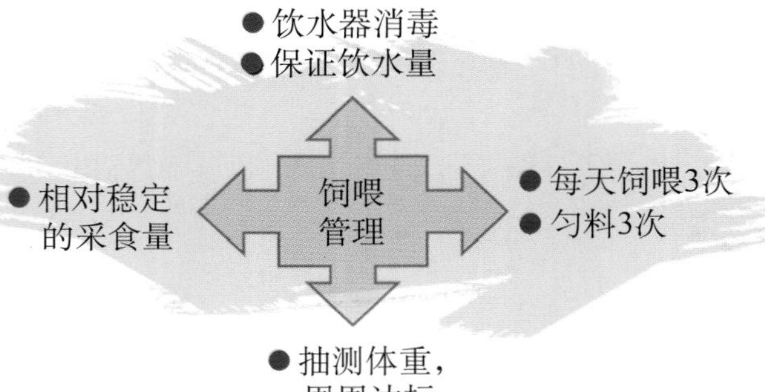

➢ 防疫管理

▲ **目标** 杜绝烈性传染病，减少条件性疾病。

处于高峰期的鸡群，体质与抗体消耗均比较大，抵抗力随之下降。因此，应严抓防疫关。

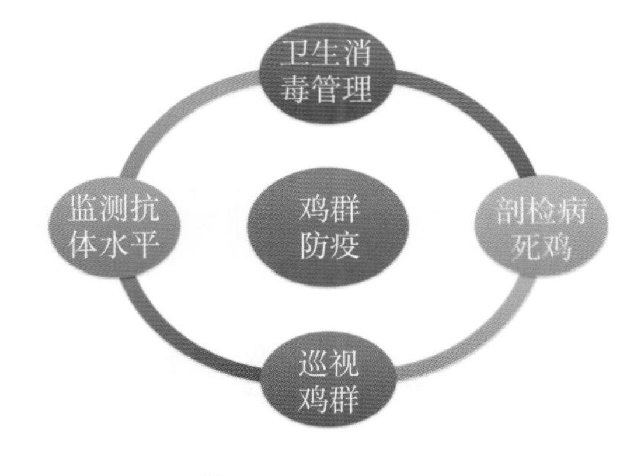

➢ 应激管理

▲ **目标** 减少应激的危害，确保鸡群生产稳定。

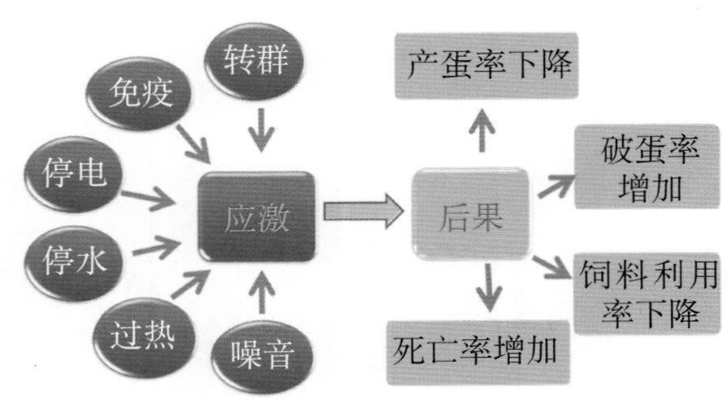

引起产蛋鸡应激的因素及后果

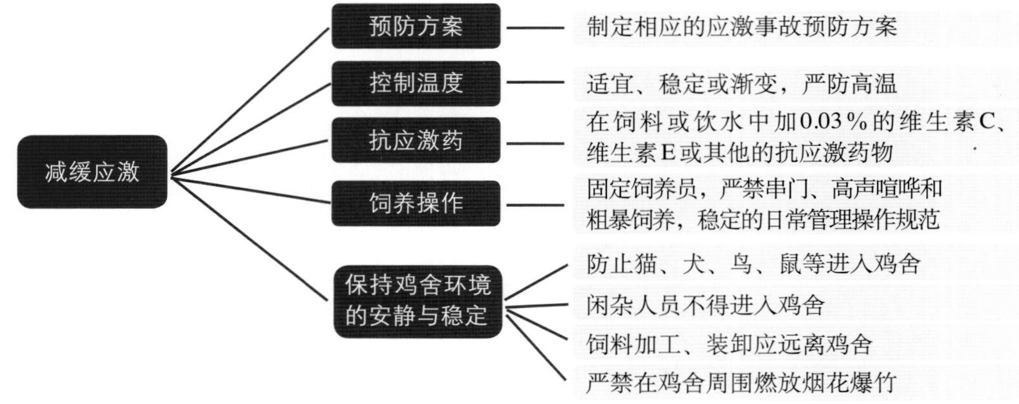

减缓应激的措施

四、产蛋后期（49周龄至淘汰）的饲养管理

产蛋后期占到了产蛋期接近50%的比例，部分养殖户在500多日龄淘汰时，产蛋率仍维持在70%以上，所以产蛋后期生产性能的发挥直接影响养殖户的收益水平。

● **产蛋后期目标** 体重几乎不变，确保鸡群生产性能平稳下降。加强防疫卫生，防止脂肪肝和肠炎等疾病的发生。

● **产蛋后期管理技术** 产蛋后期的饲养管理要做到“坚持精益求精”，做好生产管理各个细节，才能实现收益水平最大化。

➢ 产蛋后期的饲养管理要点

饲养方式

- 培育期以平养带运动场最好
- 育成后期，最好单笼饲养
- 采用人工授精，必须单笼饲养

饲喂量

- 17周龄前严格测量体重和距长，调整均匀度，并逐步增加饲喂量，必要时采用限制饲养，使小公鸡健壮而不肥胖

光照

- 17周龄后，每周增加0.5小时直至12～14小时，光照强度在10勒克斯以上

温度

- 公鸡的育雏温度比母雏高1℃
- 成年公鸡在20～25℃最理想，至少应在5～30℃

营养水平

	育雏期	育成期	繁殖期
代谢能（兆焦／千克）	11～12	11～12	11～12
粗蛋白（%）	18～19	12～14	13～15
钙（%）	1.1	1	1.5
磷（%）	0.45	0.45	0.8

四、种公鸡的训练与管理

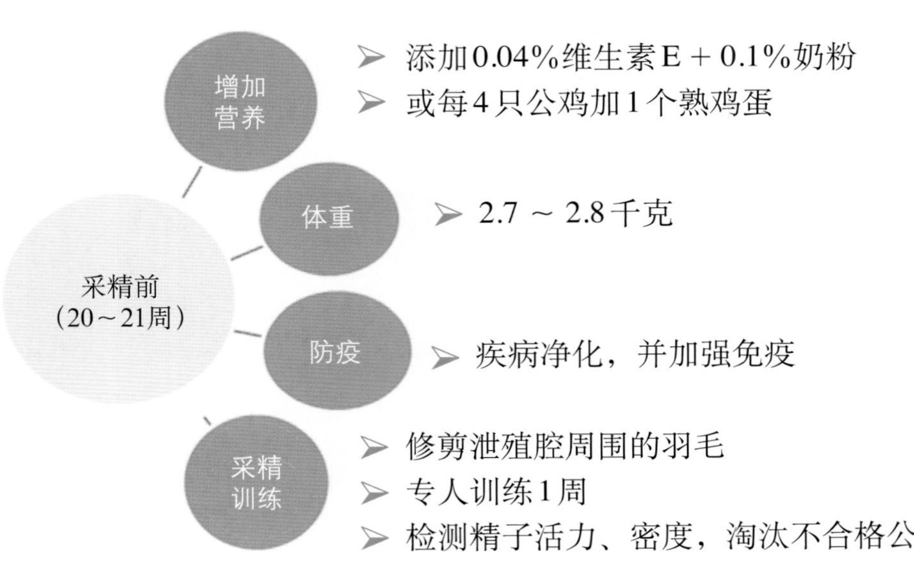

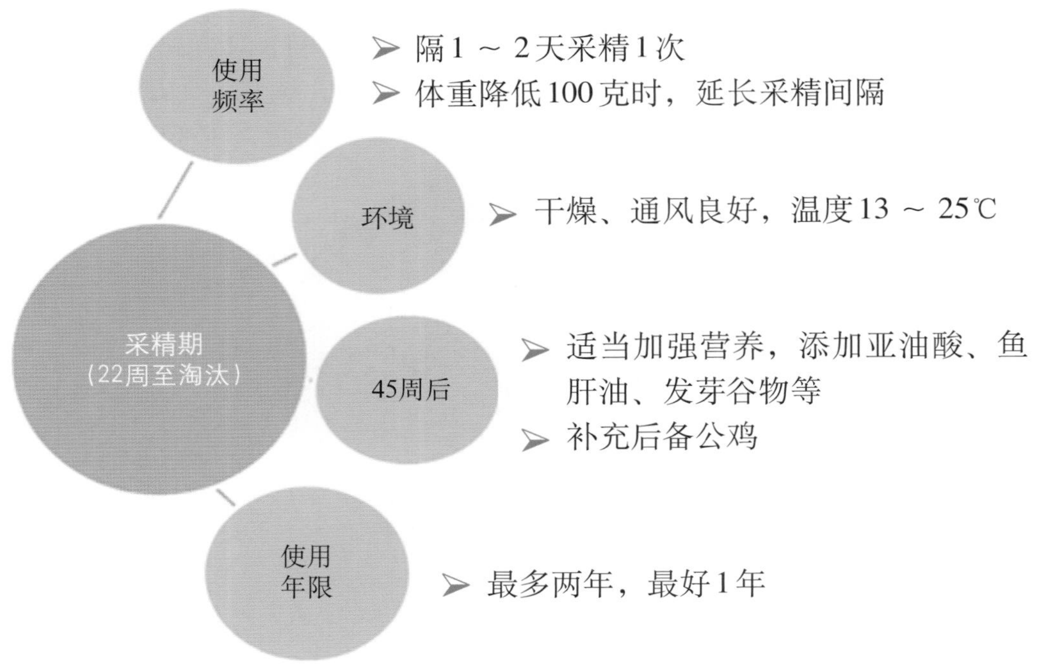

第五节　鸡蛋的储存与加工

鸡蛋产出后，如果直接消费和包装，容易传播疾病，贮藏时间短，也不能出口。随着人们安全卫生意识的提高，消费加工后的清洁蛋是大势所趋。

一、鸡蛋的收集

▲ **要求**　及时，完好，定时，分级（挑出破蛋、软蛋、沙皮蛋、过大或过小的蛋）。

● **手动收集**

净手

每天捡蛋3～6次 ➡ 尽快消毒 ➡ 种蛋库

● 自动收集

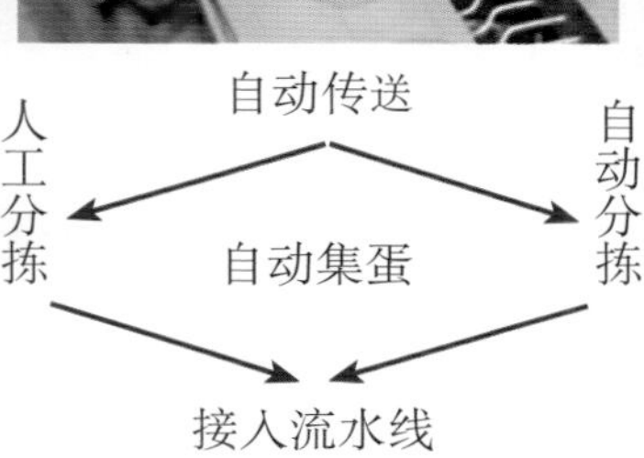

自动传送

人工分拣

自动分拣

自动集蛋

接入流水线

蛋托下行，当与上下柱上伸出的牙尖相遇时，鸡蛋便滚落入流水线

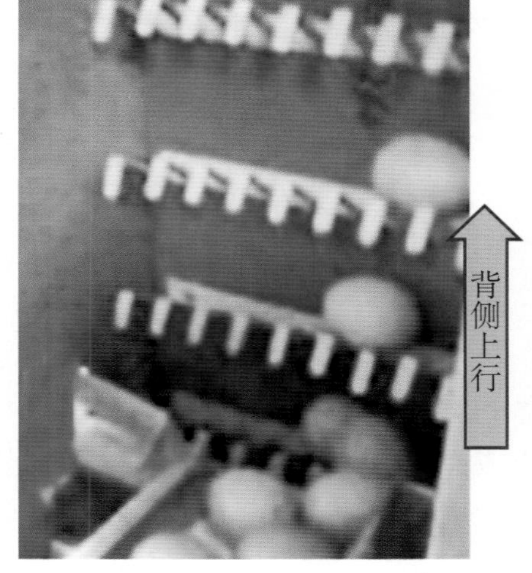

自动集蛋过程（箭头示鸡蛋运行路径）

二、鸡蛋的消毒

鸡蛋收集后，每天分1 ～ 2批消毒后入蛋库。鸡蛋的消毒方法很多，总体上分为物理消毒法和化学消毒法，推荐使用过氧乙酸熏蒸法和臭氧杀菌法，效果好，操作方便，无残毒。

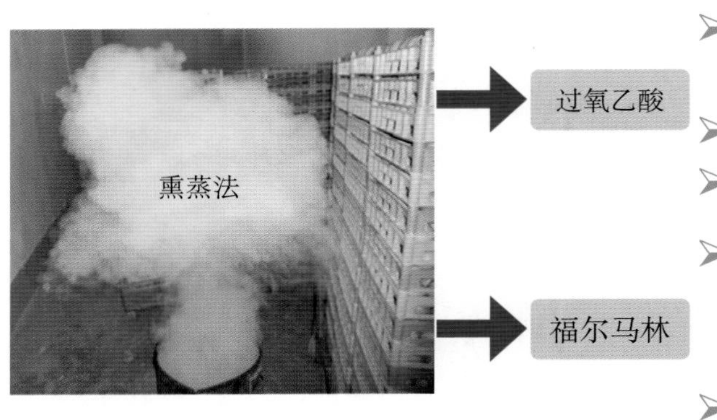

过氧乙酸：
- 每立方米空间用16%过氧乙酸溶液50毫升和高锰酸钾5克，15分钟
- 低温保存，现用现配
- 无残毒，多用于食用蛋

福尔马林：
- 依次加入：每立方米空间用少量温水、10 ~ 15克高锰酸钾和20 ~ 30毫升福尔马林，30分钟
- 有残毒，多用于种蛋

- 消毒要求：密封良好的空间+耐腐蚀的盆
- 可在蛋盘上罩塑料薄膜，以减少药量

臭氧杀菌
- 蛋库中臭氧浓度0.5 ~ 1.5毫升／米^3
- 高于1.5毫升／米^{3}以上时，人员须远离

过氧乙酸熏蒸后，入蛋库，再进行臭氧消毒更好

室内臭氧机

三、鸡蛋的储存与保鲜

鸡蛋的保鲜是非常热门的研究领域，所有的工作都围绕着减少鸡蛋的重量损失和阻止微生物侵入，并取得了非常不错的成果。其中，涂膜保鲜技术是一个相对活跃的领域，具有非常广阔的应用前景。

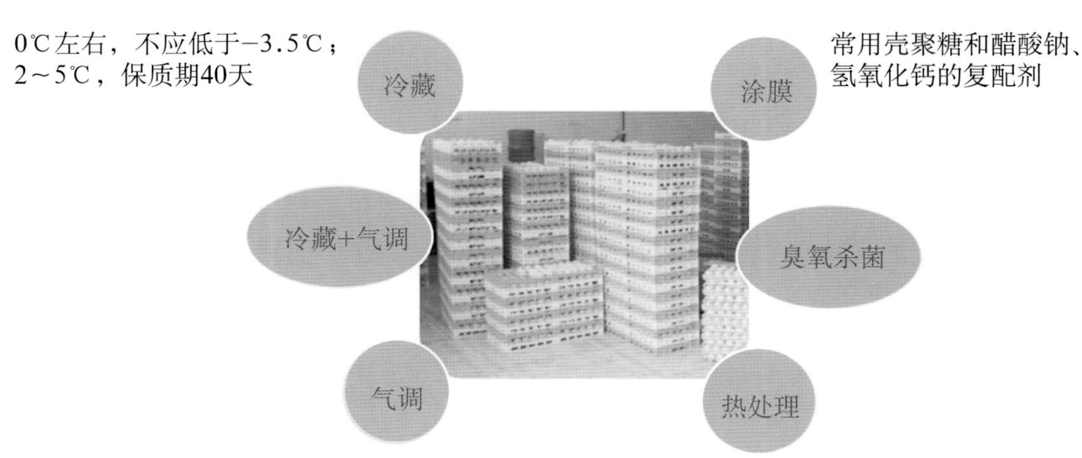

四、鸡蛋的加工

我国蛋品工业化程度低，蛋品加工设备严重依赖进口，蛋品设备研发处于起步阶段，而且主要以洁蛋加工设备、初加工设备为主。

● **蛋品加工设备**　国内蛋品设备主要以洁蛋加工设备、初加工设备为主，蛋品加工企业以推广品牌蛋、清洁蛋为主。再制蛋加工以手工腌制为主，主要需要一些小型剥壳机。蛋液、蛋粉等深加工设备，在国内的保有量很少。

➢ **蛋品加工设备种类**

初加工

清洗、消毒、干燥、涂膜、检测、分级、打码、包装

洁蛋加工

蛋品加工设备

蛋粉加工

清洗、检测、打蛋、分离、巴氏杀菌、干燥

再制蛋加工

液蛋加工

清洗、检测、拌料、腌制、蒸煮、剥壳、干燥、包装

清洗、检测、打蛋、巴氏杀菌、装填

➢ **蛋品加工代表性企业**

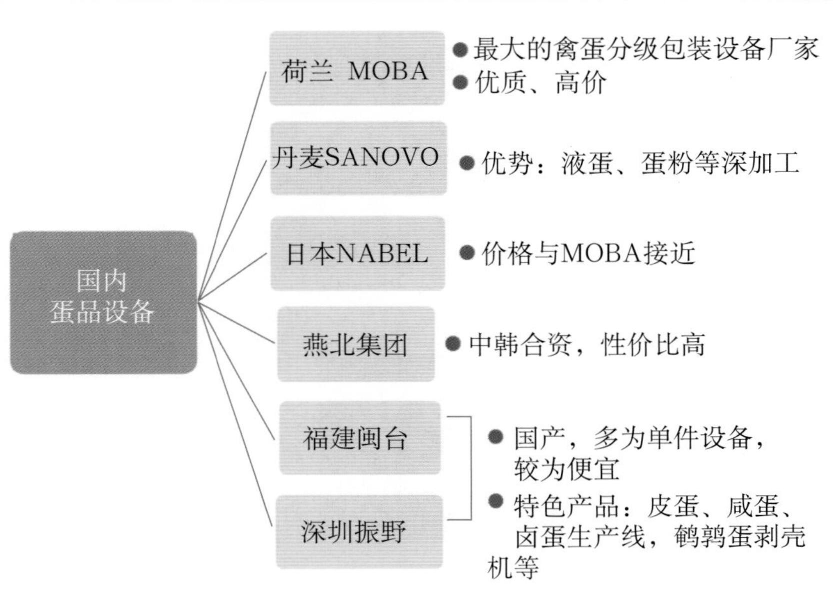

● 洁蛋加工

➢ **整体流程** 机械化程度高的国家，鸡蛋一产出来，就通过传送带送到成套加工设备上，一整套流程都通过机器完成。目前，国内的多数洁蛋生产商多采用单台作业方式，在很多环节加入了人工操作。

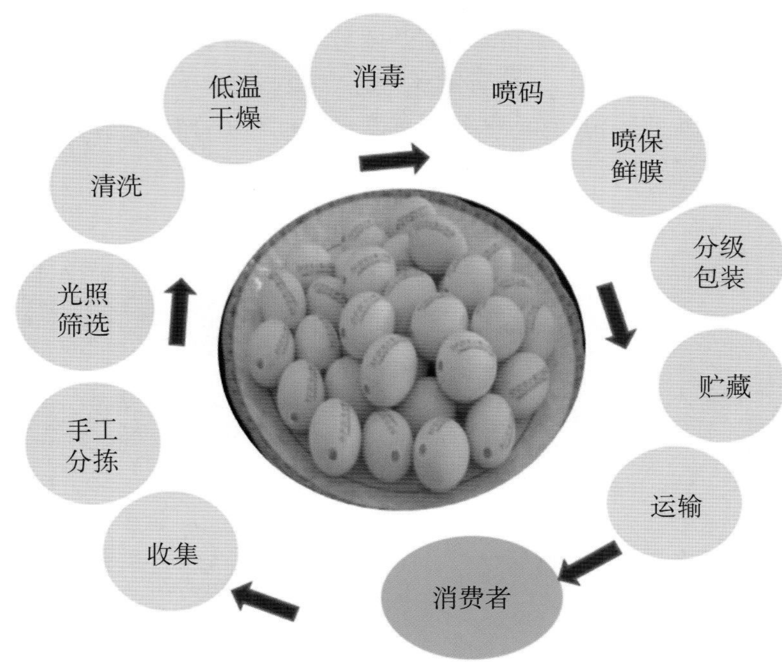

➢ **其他加工环节** 洁蛋加工，根据自动化程度的不同，需要的设备系统差异很大。

6 第六章　蛋鸡的疾病防治与废弃物处理

第一节　鸡场的卫生与消毒

一、常用的消毒方法及消毒剂

● 常用消毒方法

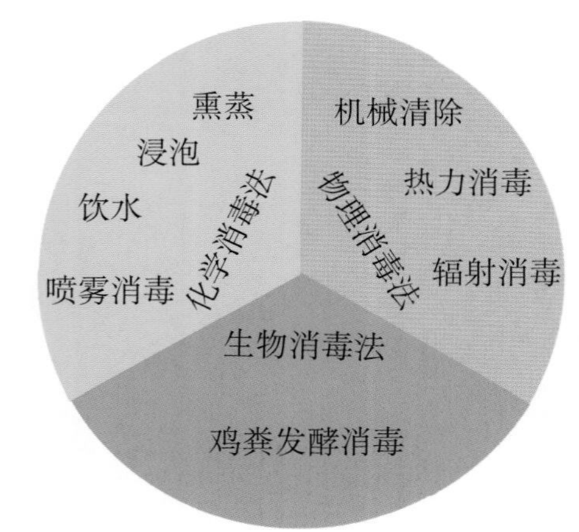

● 常用消毒剂

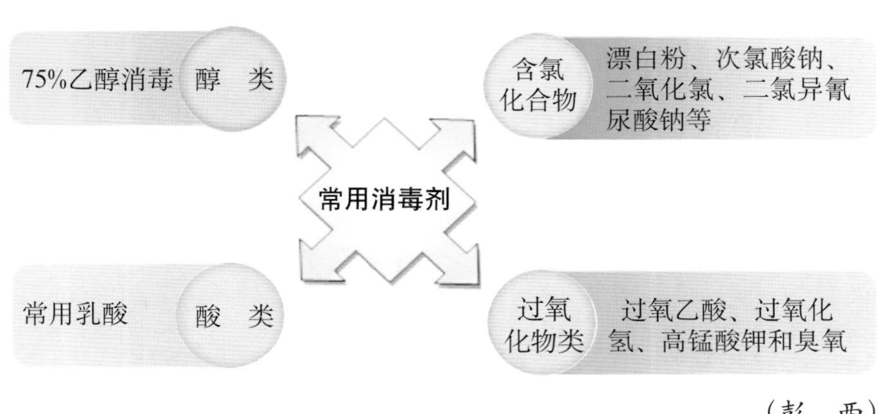

（彭　西）

在日常生产管理中百毒杀、漂白粉、优氯净等消毒剂，作用广泛，应用普遍；鸡舍、消毒池可选用火碱、生石灰；一些表面活性剂如新洁尔灭、洗必泰杀菌作用强，无刺激性，常用于皮肤、器械消毒。

二、饲前的卫生消毒

进鸡前必须对鸡舍及场区进行有效而彻底的消毒，这样才能保证一个卫生清洁的饲养环境。具体方法如下：

● **清除粪便和用具** 鸡出栏后，应清除垫料、鸡粪、饲养用具等一切可移动物品。

（彭 西）

● **清洗鸡舍** 用清水将附着在墙壁、地面（尤其是鸡粪）及顶棚的污物冲洗干净，最好用高压冲洗机。

（彭 西）

● **墙壁和地面消毒**

等水分干后，用3%～5%的烧碱水再次冲洗消毒鸡舍的内外环境 →（一定时间）→ 用清水冲洗干净 →（干燥3～4天）→ 用清水冲刷干净，以杀灭地面、墙壁和设备上残留的病原体 →（一定时间）→ 用过氧乙酸0.3%～0.5%水溶液同样彻底冲洗

（彭 西）

用石灰水泼洒鸡舍内1米以下的墙壁及地面。

（彭　西）

● **养鸡设备及用具的消毒**　料槽、水槽等用自来水仔细刷洗，再用高锰酸钾液、2%～3%来苏儿或2%～5%漂白粉浸泡消毒，用自来水清洗干净，晾干。

（彭　西）

● **鸡舍熏蒸消毒**　用福尔马林和甲醛对鸡舍（连同养鸡所用的设备和垫料一起）熏蒸消毒（48～72小时）。然后打开窗户，空舍1周即可进鸡。

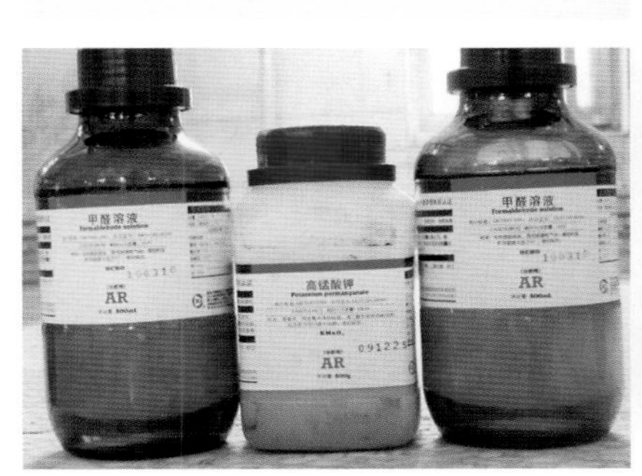

（彭　西）

● **消毒检测**　有条件的鸡场可做此项工作，方法：每次消毒后对空气进行细菌学检查(普通平板培养和大肠杆菌、沙门氏菌的鉴别培养)，使鸡舍达到规定的卫生指标。

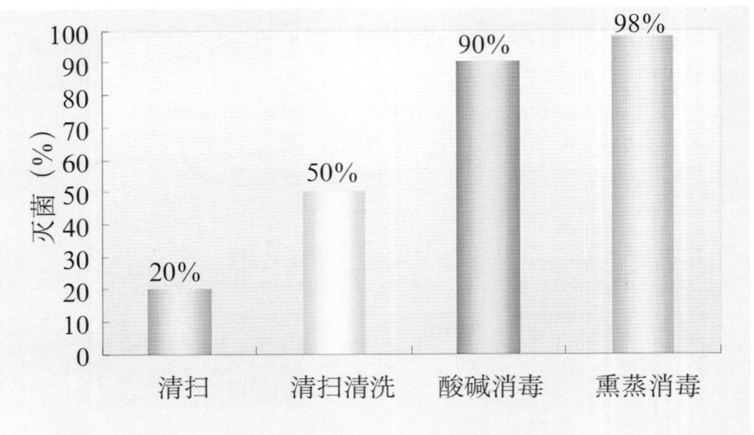

几种消毒方法的效果比较

三、饲中的卫生消毒

● **外来车辆消毒**　在车辆进出的大门前应设置有消毒池。

（彭　西）

● **人员消毒**　工作人员要求身体健康，无人畜共患病。

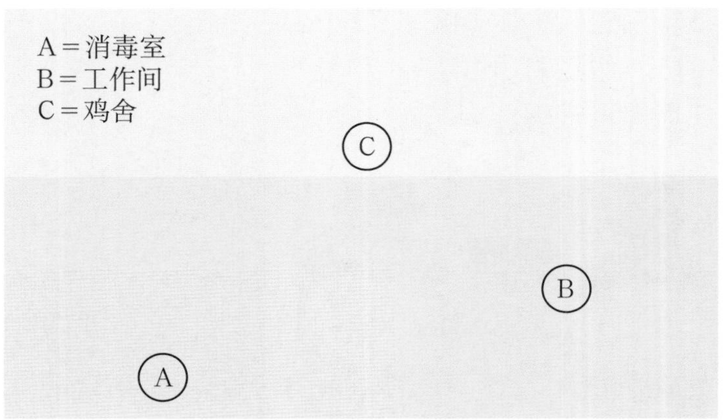

养殖场鸡舍布局示意图

（彭　西）

● **鸡群的消毒**　也称带鸡消毒，在育雏期、育成期都可以进行，主要使用喷雾器。雾粒直径以80 ~ 120微米为宜，不可过细，否则易被鸡吸入呼吸道引发肺水肿。喷雾时先关闭门窗，以距离鸡体50厘米为宜进行喷雾，动作要缓慢。一般每2天消毒1次。消

带鸡消毒　　　　（彭　西）

毒药选择广谱高效、无毒、无害、刺激性小、黏附性大的消毒剂，如0.1%新洁尔灭、0.2%～0.5%过氧乙酸、0.5%～1%漂白粉溶液等。喷雾程度以鸡体表面稍湿为宜。冬季稀释用水应提前加热至室温以防止鸡感冒。消毒后要开窗通气，使其尽快干燥。

● **空气的消毒**　定期（如1周1次）通过喷雾方式进行消毒，夏天还要注意加强通风，以降低空气中的病原含量。

喷雾消毒　（彭　西）

● **舍内地面及墙壁**　定期清扫和喷雾消毒。喷雾程度以地面、墙壁均匀湿润为宜。

墙壁消毒

地面消毒　（彭　西）

● **饲料消毒**　为了保证饲料运送卫生，防止中途污染，应用封闭式料车运料，并经常清除残剩料和进行熏蒸消毒。

● **饮水线消毒**　定期对鸡饮用水的水箱清洗消毒。

清除水箱内的污物和水垢

用高浓度的次氯酸钠或过氧化氢复合物氧化溶解水垢，并杀灭细菌

将含有清洁剂的水从水箱输入到水管内

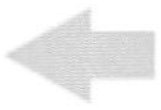

用清水反复冲洗水箱和管道

第二节　参考免疫程序

一、免疫接种的方法

免疫接种的常用方法有：点眼，滴鼻，翼下刺种，羽毛涂擦，皮下注射，肌内注射，饮水法和气雾法。

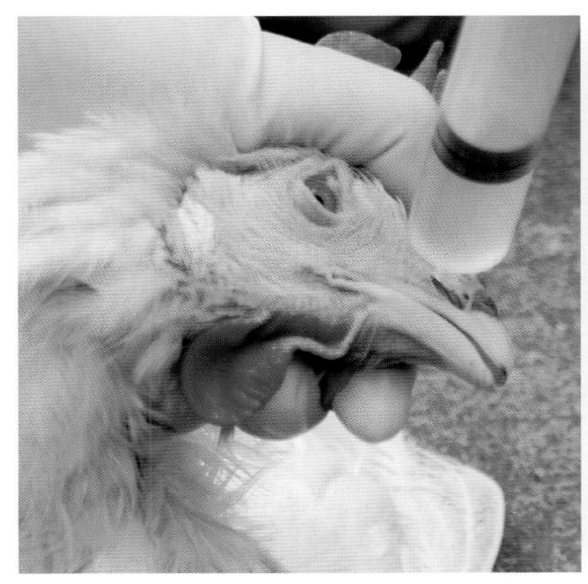

滴　鼻　　　　（彭　西）

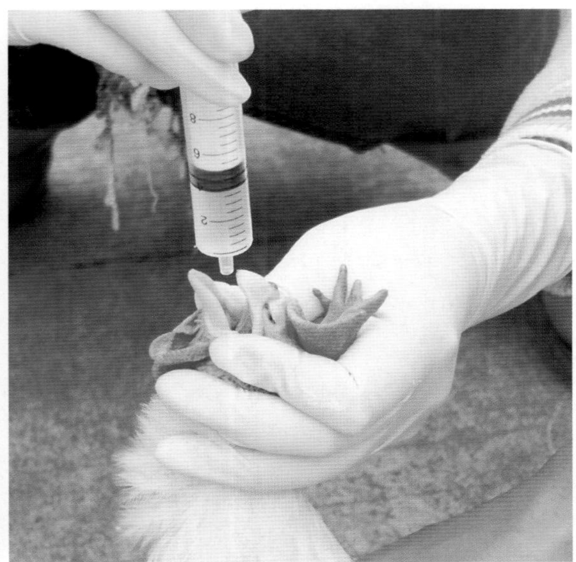

滴　口　　　　（彭　西）

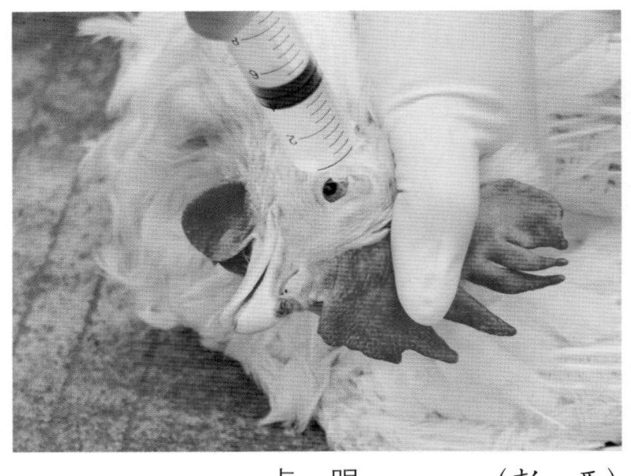

点　眼　　（彭　西）

翼下注射　　（彭　西）

颈部皮下注射　　（彭　西）

胸部肌内注射　　（彭　西）

二、参考免疫程序

免疫程序必须根据疫病的流行情况及其规律，家禽的用途、日龄、母源抗体水平和饲养条件，以及疫苗的种类、性质、免疫途径等因素来制定，不能硬性统一规定。

蛋鸡推荐免疫程序

日　龄	疫苗种类	接种方式	剂量
1日龄	新城疫—传染性支气管炎二联活疫苗（C30-MA5）	点眼或滴	1头份
7～8日龄	新城疫—传染性支气管炎二联活疫苗（H120二联）	点眼或滴鼻	1头份
	新城疫灭活油苗	颈皮下注射	0.3毫升
12～14日龄	传染性法氏囊病活疫苗(228E)	滴鼻或点眼	1头份

（续）

日　龄	疫苗种类	接种方式	剂量
17 ～ 18日龄	新城疫—传染性支气管炎二联活疫苗（28/86）	滴鼻或点眼	2头份
	禽流感灭活油苗 (H9)	颈部皮下注射	0.3毫升
22 ～ 24日龄	传染性法氏囊活疫苗	滴鼻或点眼	1 ～ 2头份
	禽流感灭活油苗 (H5N1二价)	颈皮下注射	0. 5毫升
28 ～ 29日龄	鸡痘活疫苗	刺种	2头份
40 ～ 45日龄	传染性喉气管炎活疫苗	点眼	1头份
50 ～ 55日龄	新城疫—传染性支气管炎活疫苗 (IV-H120)	滴鼻或点眼	2头份
	新城疫—流感(H9)二联灭活疫苗	肌内注射	0.5毫升
65 日龄	传染性喉气管炎疫苗	点眼	1头份
	禽流感灭活油苗 (H5N1二价)	颈皮下注射	0. 5毫升
80 日龄	鸡痘（进口）	刺种	1头份
95日龄	新城疫—传染性支气管炎二联活疫苗 (IV-H120)	气雾	1.5头份
	禽流感灭活疫苗（H9）	肌内注射	0.5毫升
105 ～ 110日	新城疫—传染性支气管炎—减蛋综合征灭活疫苗	肌内注射	0.5毫升
130 日龄	新城疫—传染性支气管炎二联活疫苗（C30-MA5）	点眼	1头份

商品蛋鸡推荐免疫程序

日龄	疫苗种类	接种方法	剂量
1	马立克氏病双价苗	颈部皮下注射	1头份
	新城疫和传染性支气管炎H120毒株二联活疫苗	点眼、滴鼻、滴口	1头份
8	新城疫和传染性支气管炎H120毒株二联活疫苗	点眼、滴鼻、滴口	1头份
	禽流感(H5+H9)二价疫苗	皮下注射	0.3毫升/只
14	传染性法氏囊病(IBD)中等毒力活疫苗	滴口	1头份
22	新城疫Ⅳ系	饮水	2头份
28	传染性法氏囊病(IBD)中等毒力活疫苗	滴口	1头份
	鸡痘（根据蚊虫情况出现而定）	翼下刺种	
35	传染性支气管炎H52	滴鼻	1头份
45	新城疫Ⅳ系	饮水	2头份
	新城疫油苗	皮下注射	1头份
	禽流感(H5+H9)二价疫苗	皮下注射	0.5毫升/只
90	新城疫Ⅳ系	饮水	2头份
产蛋前2周	禽流感(H5+H9)二价疫苗	皮下注射	1头份
	鸡痘	刺种	
产蛋前1周	新城疫—传染性支气管炎—减蛋综合征油乳剂灭活苗（大三联）	皮下/肌内注射	1头份

第三节 疾病的检查

一、临床观察

了解饲养管理情况、常规用药、免疫和病史、产蛋情况。

● **体况和外观** 仔细观察鸡的体况和外观，确定有无异常、行动失调、震颤或麻痹等神经症状、失明和呼吸方面的症状。

● **体表** 检查体表、皮肤、喙、鼻和眼部分泌物等，判断是否有外寄生虫、腹泻、脱水及不良营养状况。

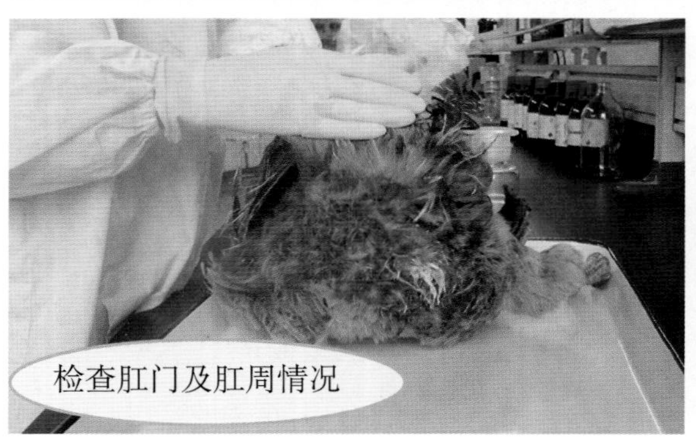

（彭 西）

● **采血** 备测血清学检查。血样可从颈静脉、翅静脉或心脏采取，注意无菌操作，如怀疑血液寄生虫，应用干净玻片制成全血涂片。

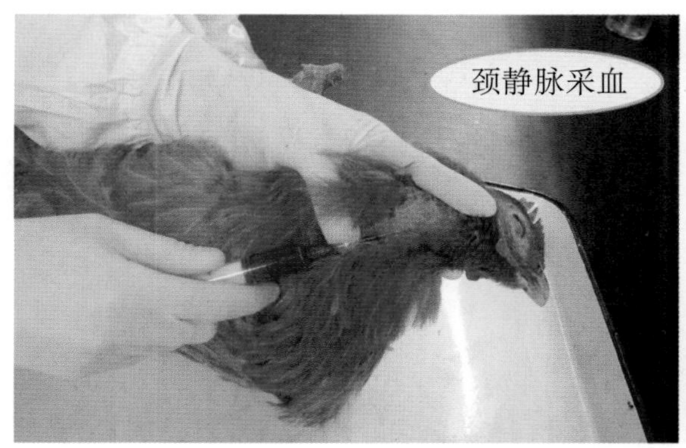

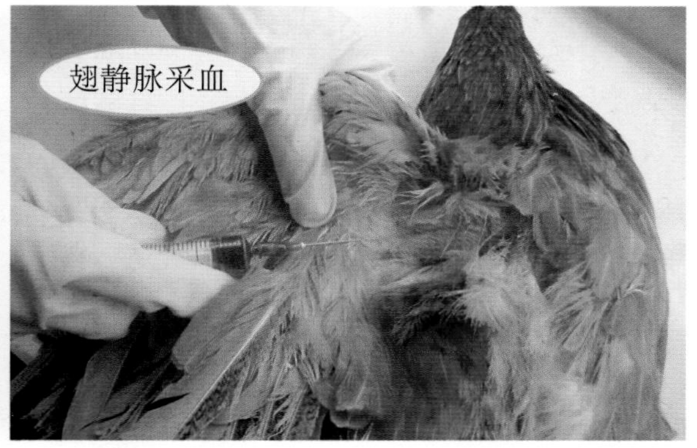

（彭　西）

二、病理剖检

用断颈、电死或颈静脉放血等方法处死病鸡，进行病理剖检。

▲ **注意事项**　实质器官，均需注意表面和切面的病变；管腔状器官，需注意腔内容物性状和浆膜、黏膜的变化。

● **步骤**

颈静脉放血处死病鸡。

沿胸腹部中线切开皮肤，分离股骨头和髋臼，使两腿平放。

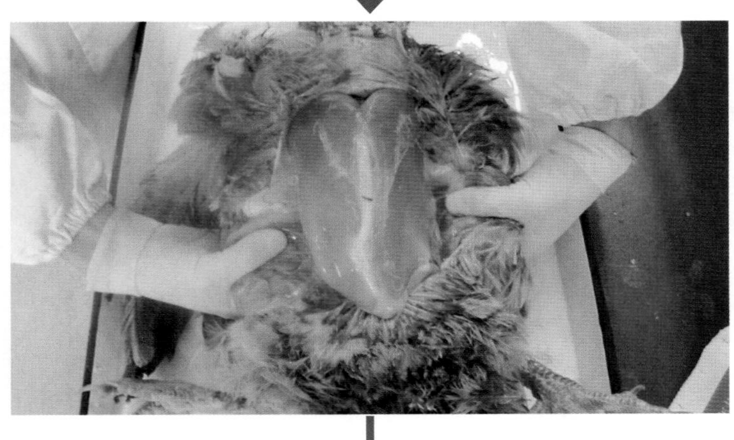

从泄殖腔至胸骨后端纵行切开体腔。用骨剪剪断体壁两侧的肋骨，再剪断锁骨，揭开胸骨，暴露体腔内所有器官。

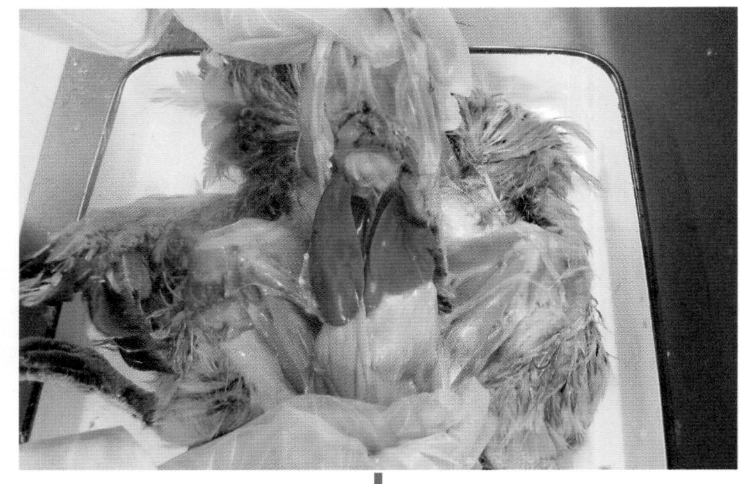

先将心脏连心包一起剪离，再采出肝。

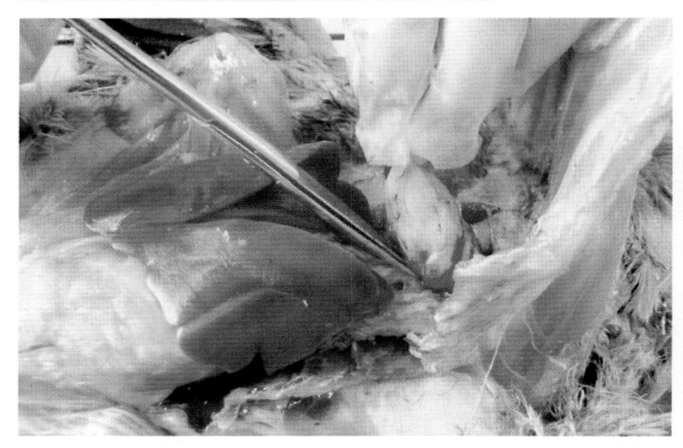

然后将肌胃、腺胃、肠、胰腺、脾脏及生殖器官一同采出。

肺脏和肾脏位于肋间隙内及腰荐骨的凹陷部，可用外科刀柄钝性分离。

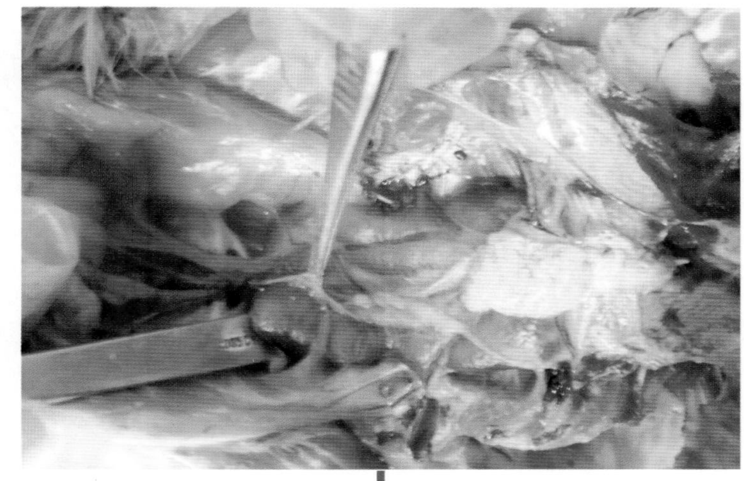

用剪刀剪下颌骨，剪开食道、气管。

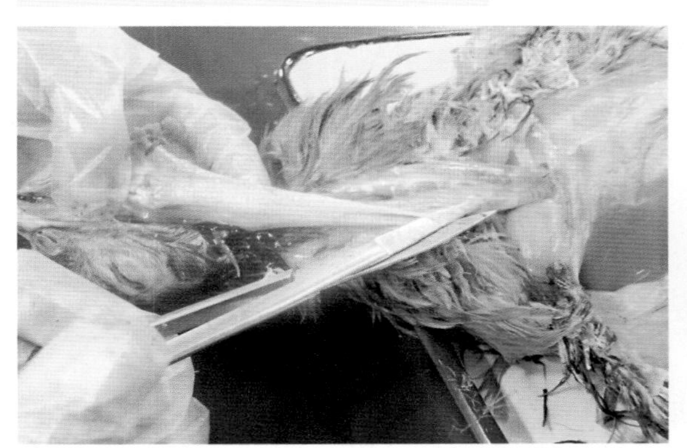

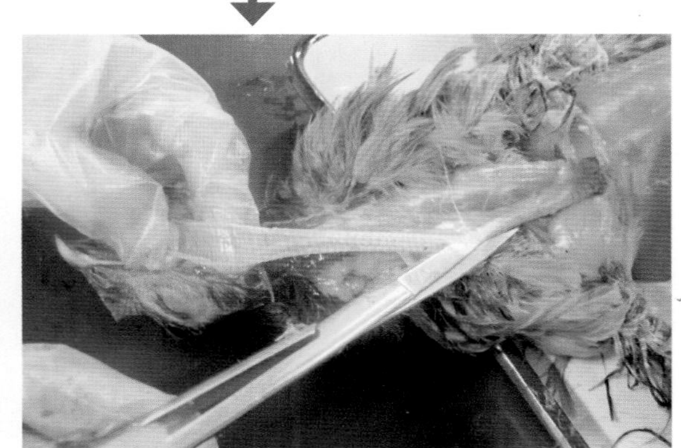

剥离头部皮肤，再剪除颅顶骨，即可露出大脑和小脑。然后轻轻剥离，将整个脑组织采出。

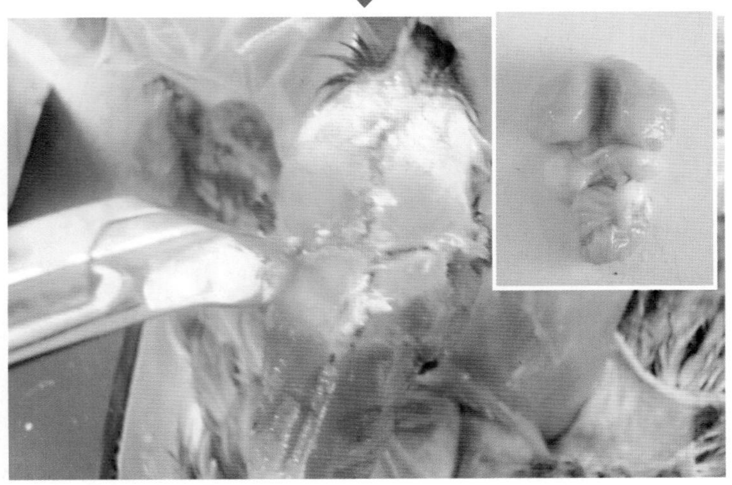

（彭　西）

第四节 预防用药

一、蛋鸡用药必须遵循的原则

蛋鸡用药必须遵循的原则

1.预防用药物需凭兽医处方购买，在兽医指导下用药，弃蛋期内的鸡蛋不得供人类食用。

2.禁止使用未经农业部批准或已经淘汰，或对环境造成严重污染的兽药。

3.使用的药物应严格遵守《中华人民共和国兽药典》、《中华人民共和国兽药规范》、《兽药质量标准》和《进口兽药质量标准》规定的作用与用途、使用剂量、疗程和注意事项。

4.产蛋期间用药应严格遵循休药期制度，肉不少于28天，蛋不应少于7天之规定。

5.禁止在整个产蛋期蛋鸡饲料中添加药物饲料添加剂。

6.使用目的明确，分阶段用预防药，治疗疾病切忌滥用药物。禁用原料药物和人药。

二、药物使用方法

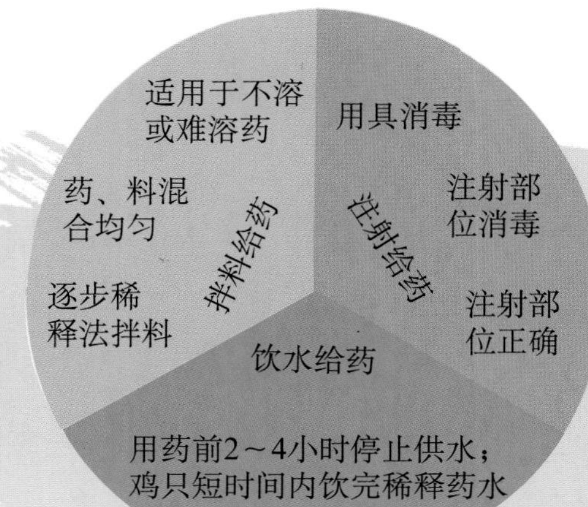

三、蛋鸡用药程序

蛋鸡用药程序

日龄	用药目的	可使用的药物
0～10	主要预防控制由沙门氏菌和大肠杆菌引起的脐炎、大肚脐，并提高雏鸡免疫力	硫酸新霉素可溶性粉：50～75毫克/升，连用3～5天 盐酸沙拉沙星可溶性粉：25～75毫克/升，连用2～3天 恩诺沙星溶液：25～75毫克/升，连用2～3天 盐酸二氟沙星溶液：25～75毫克/升，连用2～3天
10～42	主要预防控制球虫病、支原体病和大肠杆菌病	控制球虫病的药物：见下表"常用的抗球虫药物" 控制支原体病和大肠杆菌病的药物： 二氟沙星可溶性粉：25～75毫克/升水，连用2～3天 左旋氧氟沙星可溶性粉：25～75毫克/升水，连用2～3天 氟苯尼考散：每千克体重20～30毫克，连用3～5天 联合用药：阿莫西林+硫氰酸红霉素，阿莫西林+克拉维酸钾+酒石酸泰乐菌素等，饮水或拌料
42～90	主要预防控制大肠杆菌病、慢性呼吸道病和非典型新城疫及其混合感染引起的顽固性呼吸道病	大肠杆菌病和慢性呼吸道病混合出现：阿莫西林+克拉维酸钾+酒石酸泰乐菌素等，饮水或拌料 滑腱症：维生素B_1和锰盐，连用1周 传染性喉气管炎：接种前后3天，电解多维饮水，连用3～5天 顽固性呼吸道病：左旋氧氟沙星饮水或氟苯尼考散拌料，连用3～5天
90～180	防止新母鸡病的发生，清除卵巢炎、输卵管炎及肠道疾病，为鸡群创造有利的产蛋体况	新母鸡病：电解多维+阿莫西林钠混合饮水，连用5～7天 卵巢炎和输卵管炎：氟苯尼考散全天拌料，每隔20～30天，用药预防一个疗程（3～5天），连用两个疗程 顽固性腹泻：三三过渡法转换饲料，也可使用盐类健胃药，如人工盐拌料 慢性球虫病：二硝托胺或地克珠利全天药量集中投服，连用3～5天
180日龄后	提高机体抗病能力，定期消除卵巢炎和输卵管炎，并作好新城疫的预防工作，保证良好的产蛋体况	产蛋不上高峰综合征：每月定期在饲料中添加维生素E和黄芪多糖10～15天 卵巢炎和输卵管炎：氟苯尼考散（二氟沙星等药物）全天拌料，每隔20～30天，用药一个疗程（3～5天）

常用的抗球虫药物

药物名称	作用范围	作用阶段	作用峰期	副作用
盐霉素	堆型、毒害、变位艾美耳球虫	无性发育期	感染后1天	饮水增加，垫料湿
莫能霉素	堆型、毒害、变位、柔嫩、巨型艾美耳球虫	第一代裂殖体	感染后2天	引起啄羽，不能与泰妙灵同时使用

（续）

药物名称	作用范围	作用阶段	作用峰期	副作用
马杜霉素铵	柔嫩、巨型、毒害、堆型、布氏、变位艾美耳球虫	早期阶段	感染后1～3天	毒性大
拉沙洛菌素	柔嫩、巨型、毒害、变位艾美耳球虫	第一代裂殖体	感染后1天	
氨丙啉	柔嫩、布氏、毒害等艾美耳球虫	第一代裂殖体	感染后3天	妨碍维生素B_1吸收
尼卡巴嗪	柔嫩、堆型、巨型、毒害艾美耳球虫	第二代裂殖体	感染后4天	导致生长抑制，蛋壳颜色变浅，受精率下降，对热应激敏感
常山酮	柔嫩、毒害、巨型、变位、堆型艾美耳球虫	第一、二代裂殖体	感染后1天	
二硝托胺	毒害、柔嫩、巨型等艾美耳球虫	第一代裂殖体	感染后3天	
盐酸氯苯胍	柔嫩、巨型、毒害、堆型、布氏艾美耳球虫	第一、二代裂殖体	感染后3天	10倍治疗浓度时，可使鸡群出现白细胞增多症，β-球蛋白升高，生长延迟，大剂量(66毫克/千克)的饲料浓度所喂母鸡产的蛋有异味
氯羟吡啶	柔嫩、毒害、变位、毒害艾美耳球虫	第一代裂殖体初期	感染后1天	
地克珠利	各种艾美耳球虫	每个生命周期	感染后4天	

第五节　常见疾病的防治

一、鸡新城疫

鸡新城疫又名亚洲鸡瘟（俗称鸡瘟），是由鸡新城疫病毒引起的一种烈性传染病。

● **诊断要点**

➢ 临床特征　排出绿色粪便，嗉囊内充满酸臭的黏液；呼吸困难，鸡冠髯暗红或青紫色，2～3天后鸡只大批死亡。耐过鸡呈神经症状，出现头颈扭曲，或呈观星姿势。产蛋鸡产蛋量大幅度下降。

➢ 病理特征　腺胃乳头出血与坏死；肠黏膜出血、坏死，形成枣核样溃疡；盲肠扁桃体出血、坏死及溃疡形成。

➢ **鉴别诊断** 注意与禽流感、鸡霍乱相区别。必要时，可送检材料做病原学诊断。

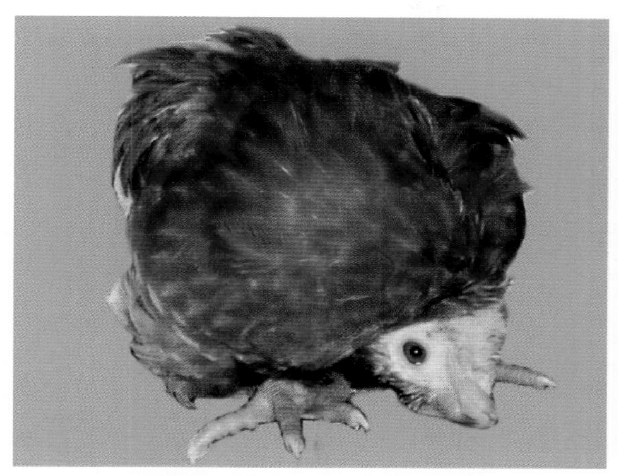

病鸡呈神经症状：头颈扭曲
（岳 华）

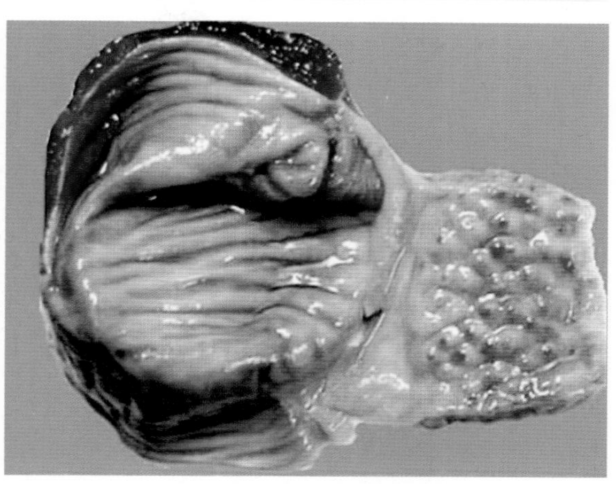

腺胃乳头出血
（岳 华）

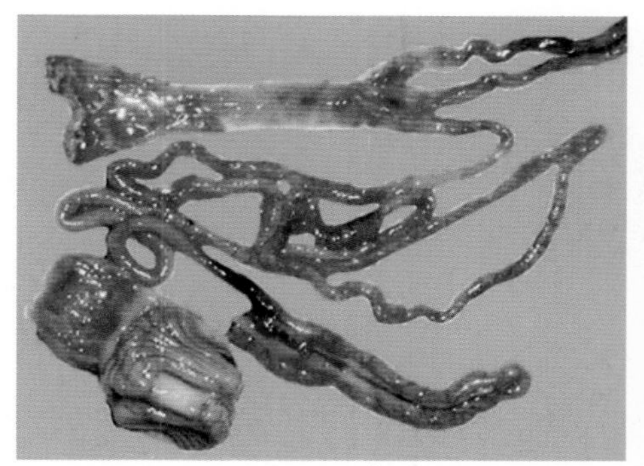

肠道出血，可见紫红色枣核样肿大的肠道淋巴集结 （岳 华）

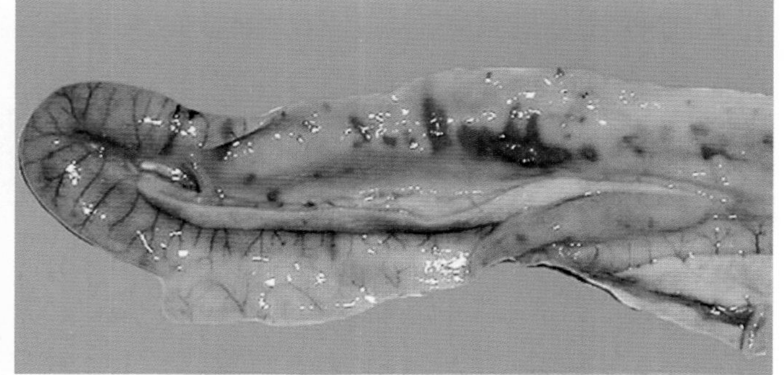

肠黏膜灶状出血和枣核状坏死
（岳 华）

● **防治措施**

➢ **预防** 搞好卫生消毒，加强饲养管理，防止病原侵入。免疫接种是预防新城疫发生的关键，常用疫苗有弱毒活苗和灭活油乳剂苗，应根据母源抗体水平和当地疫情合理安排免疫程序。

➢ **治疗** 本病无特效疗法。鸡群一旦发病，应立即用La Sota系、克隆30或V4点眼或饮水，2月龄鸡也可用Ⅰ系紧急接种，同时配合使用抗生素和多种维生素，以预防细菌继发感染。

二、禽流感

禽流感是由A型流感病毒引起禽类的一种从呼吸系统到全身败血症等感染或/和疾病综合征。

● 诊断要点

➢ 临床特征　高致病性禽流感病鸡呼吸困难，腹泻排绿色粪便，头面部肿胀，结膜充血、出血，冠髯肿胀、发绀，趾部充血、出血。产蛋鸡产蛋率下降甚至停止。发病后期可出现神经症状。

➢ 病理特征

高致病性禽流感：特征性病变表现为全身出血与水肿。

低致病性禽流感：病变主要表现为气管炎、支气管炎和气囊炎等。

➢ 鉴别诊断　注意与鸡新城疫、传染性支气管炎相区别。

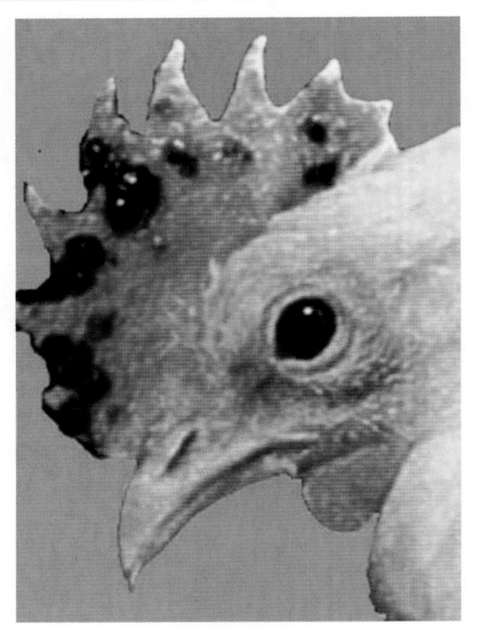

鸡冠有出血性坏死灶

（岳　华）

头面部肿胀

（岳　华）

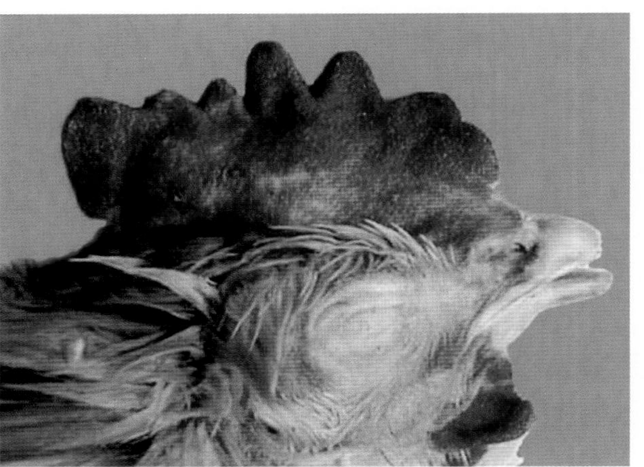

冠髯肿胀发绀

（岳　华）

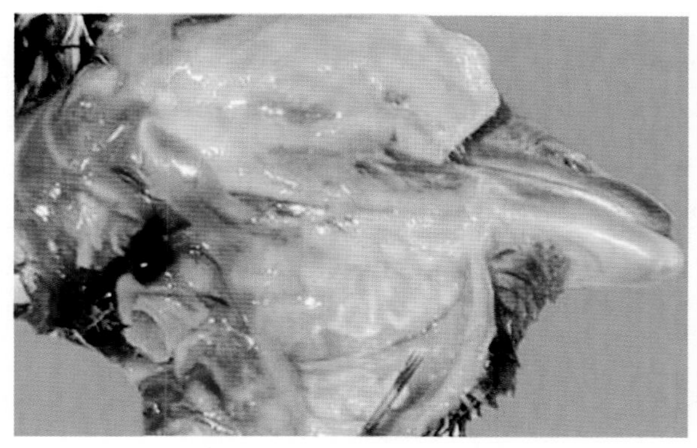

头部皮下有淡黄色胶冻样渗出物
（岳　华）

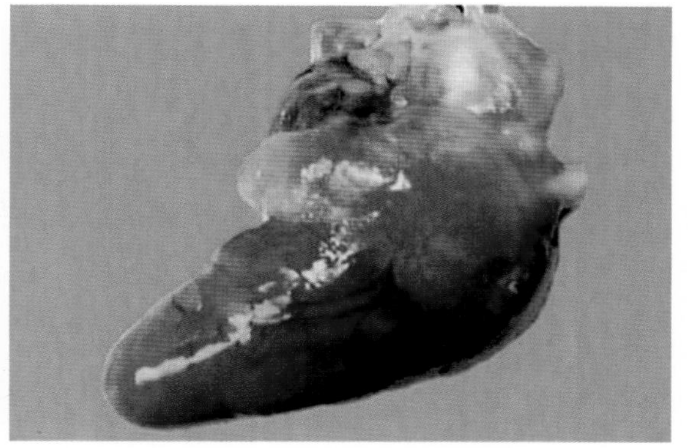

冠状脂肪及心外膜出血
（岳　华）

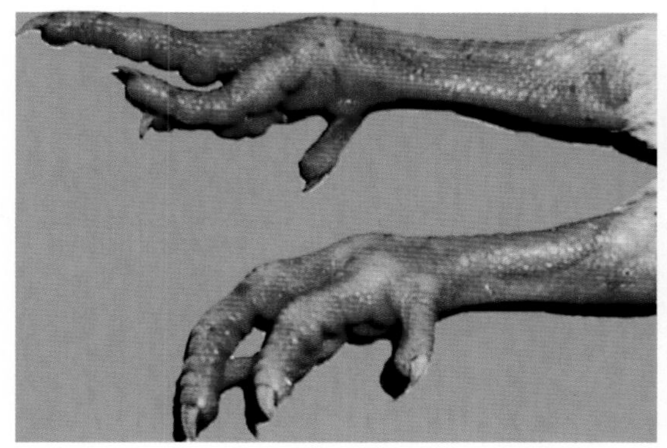

腿部皮下出血　（岳　华）

腺胃乳头、肌层出血，两胃交界处带状出血
（岳　华）

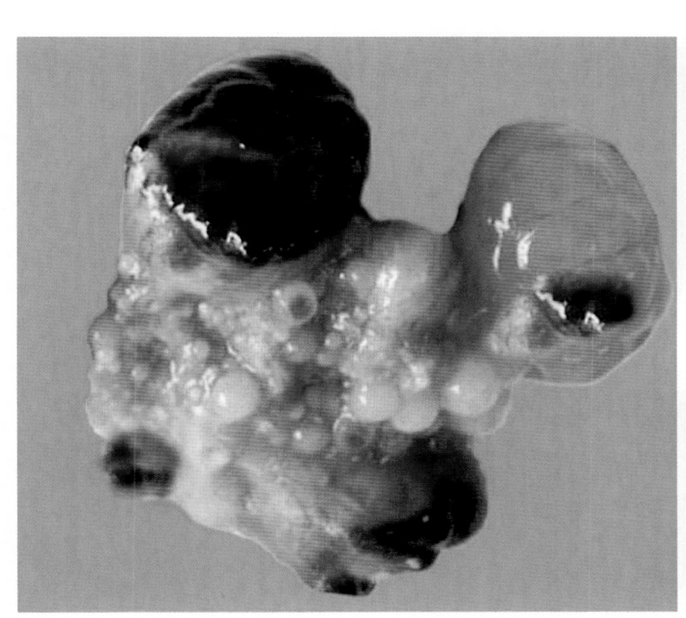

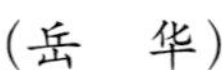

卵泡出血、变形　（岳　华）

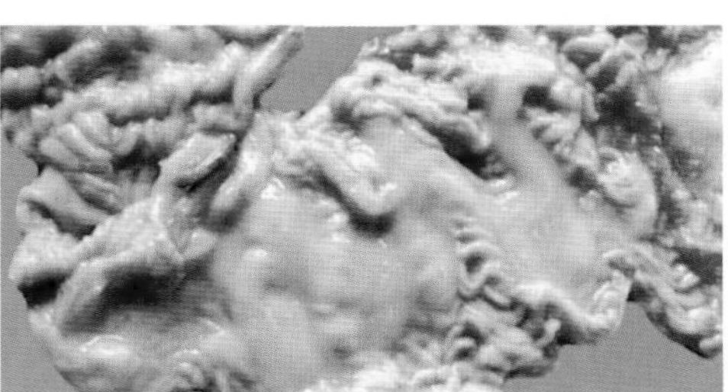

输卵管内有黏液样分泌物
（岳　华）

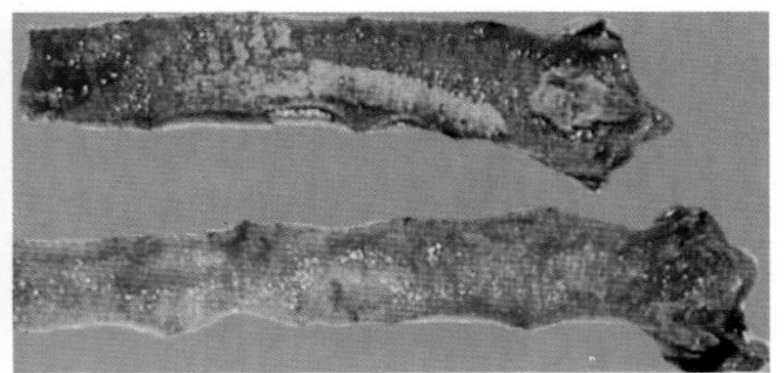

喉头、气管内有干酪样物质
（岳　华）

● **防治措施** 建立严格的检疫制度，严禁从疫区或可疑地区引进鸡苗、种蛋或鸡制品。对本病流行严重地区，在弄清流行毒株的基础上，由当地兽医防疫部门统一引进灭活疫苗进行接种，可有效阻止本病流行。家禽一旦发病，一经确诊，应立即坚决彻底予以销毁（包括有关物品），执行严格封锁、隔离、消毒和无害化处理措施。

三、鸡传染性喉气管炎

传染性喉气管炎是由传染性喉气管炎病毒感染引起的鸡的一种急性呼吸道传染病，以呼吸困难、咳嗽、咳出血性渗出物为特征。近年来，流行范围逐渐扩大，危害逐年严重。

● **诊断要点**

➢ **临床特征** 病鸡呼吸困难，表现为头颈伸直、张口呼吸，或剧烈甩头或呈痉挛性咳嗽。

➢ **病理特征** 喉头及气管黏膜肿胀充血、出血，其上附有黏液或假膜；喉头、气管腔内充有血凝块或出血性栓子、黄白色干酪样物质。

➢ **鉴别诊断** 注意与鸡痘、传染性支气管炎相区别。

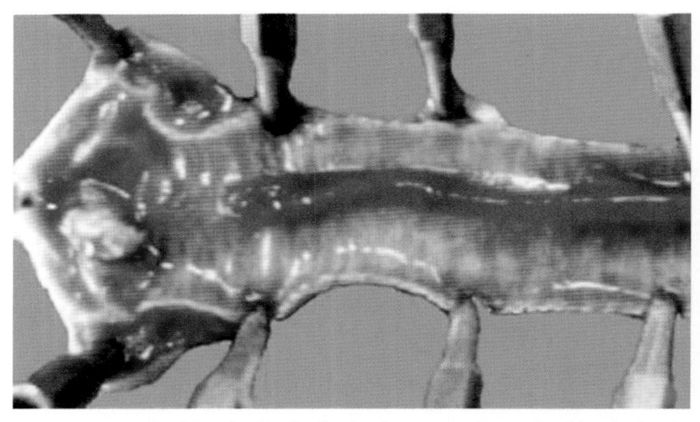

喉头及气管黏膜肿胀充血、出血，气管腔内充有血凝块或出血性栓子 （岳 华）

病鸡呼吸困难，表现为头颈伸直，张口呼吸 （岳 华）

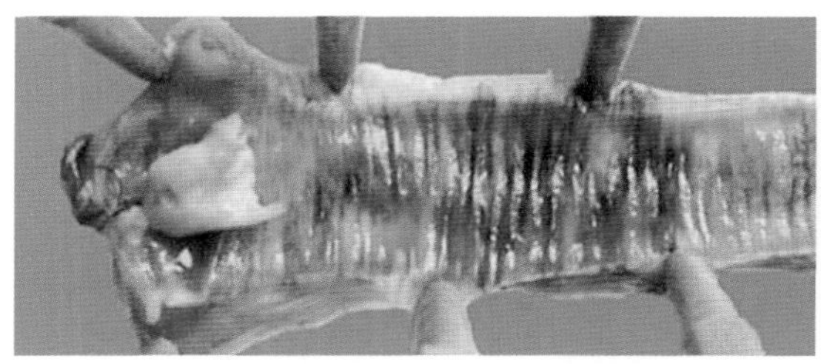

喉头腔内有黄色干酪样栓子 （岳 华）

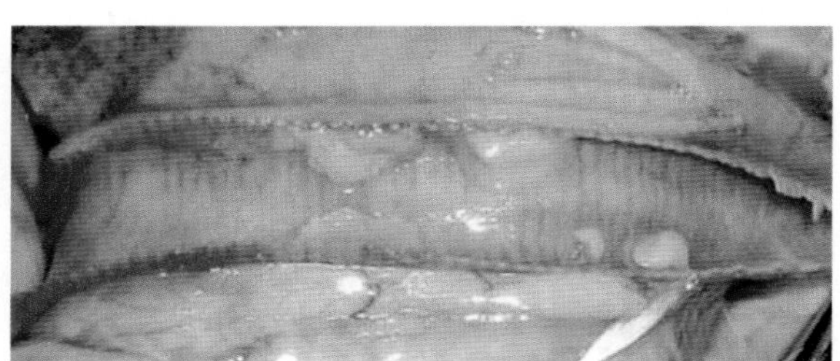

气管腔内的淡黄色干酪样物质 （岳 华）

● **防治措施**　不引进病鸡，防止病原入侵。疫区可用弱毒疫苗免疫，以点眼效果最好。本病尚无有效治疗方法，及时隔离淘汰病鸡，每日用高效消毒药进行1～2次带鸡消毒，同时用泰乐菌素、红霉素、羟氨下青霉素等抗菌药物，防止细菌继发感染。

四、鸡传染性支气管炎

传染性支气管炎是由冠状病毒引起的鸡的一种急性、高度接触性的传染病。因毒株不同，本病可分为呼吸型和肾型两种类型。

● **诊断要点**

➢ **临床－病理特征**

呼吸型传染性支气管炎：病鸡呼吸困难，严重者头颈向前向上伸展，张口呼吸。蛋鸡产蛋率急剧下降，出现畸形蛋。

剖检见气管、支气管黏膜充血、出血，腔内见有浆液性或黄白色干酪样渗出物。产蛋母鸡卵巢变形，卵泡充血、出血、液化。

肾型传染性支气管炎：病鸡排白色粪便或水样粪便，爪部因脱水变得干燥无光。剖检见肾脏肿大，尿酸盐沉积，色淡苍白，外观呈花斑状。

➢ **鉴别诊断**　注意与低致病性禽流感、新城疫相区别。必要时，可送检材料做病原学诊断。

呼吸型传染性支气管炎：病鸡呼吸困难，头颈前伸，张口呼吸　（岳　华）

呼吸型传染性支气管炎：病鸡产白壳蛋、小蛋、软壳蛋　（岳　华）

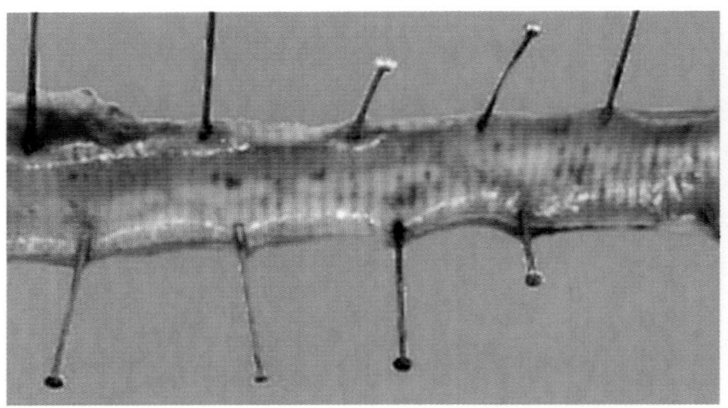

呼吸型传染性支气管炎：气管黏膜弥漫性出血 （岳 华）

肾型传染性支气管炎：病鸡排出的白色水样粪便 （岳 华）

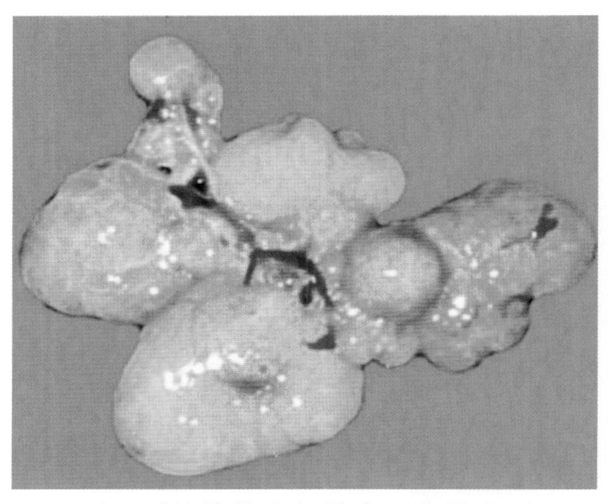

呼吸型传染性支气管炎：卵巢变形 （岳 华）

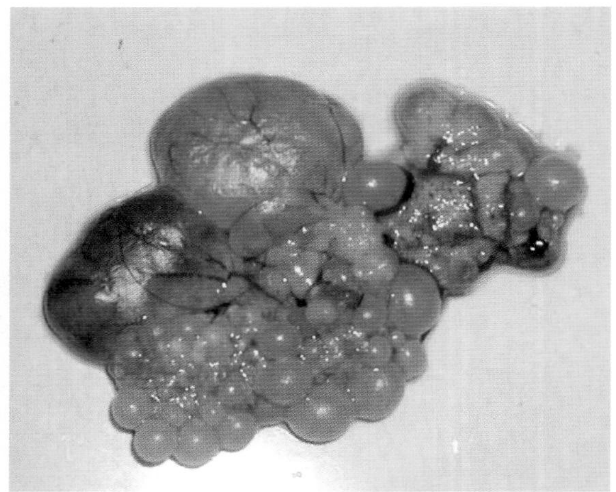

呼吸型传染性支气管炎：卵巢卵泡变形、变色 （岳 华）

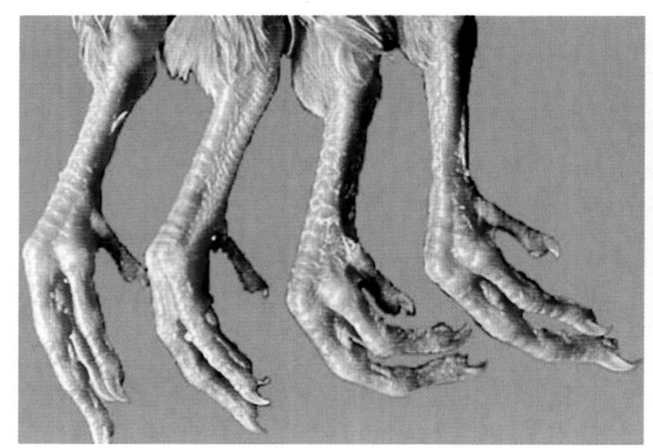

肾型传染性支气管炎：病鸡脱水，爪干无光 （岳 华）

肾型传染性支气管炎：尿酸盐沉积，肾脏肿大表面呈花斑状。输尿管充有白色石灰样内容物 （岳 华）

● **防治措施** 适时接种疫苗，用H120在7 ~ 10日龄滴鼻，40日龄二免，75日龄可用H52强化免疫。肾型传染性支气管炎可用含有T株的弱毒疫苗或灭活苗进行免疫。

目前对本病尚无特效疗法，呼吸型可用广谱抗菌药物如严迪、泰乐菌素、氧氟沙星等防止细菌继发感染。肾型传染性支气管炎还可用肾肿解毒药等帮助尿酸盐排出。

五、鸡传染性贫血

鸡传染性贫血是由鸡传染性贫血病毒引起雏鸡的以再生障碍性贫血、全身淋巴组织萎缩和皮下、肌肉出血为特征的一种免疫抑制性疾病。

● **诊断要点**

➢ **流行特点** 本病多发于两月龄以内的鸡，1 ~ 7日龄最易感，死亡率10%~ 50%。

➢ **临床特征** 贫血。表现为冠髯苍白；翅膀出血性皮炎或蓝翅。

➢ **病理特征** 全身肌肉苍白、出血，法氏囊、胸腺萎缩，骨髓呈淡粉红色或黄白色，腺胃黏膜出血并有灰白色脓性分泌物。

鸡冠苍白

（岳　华）

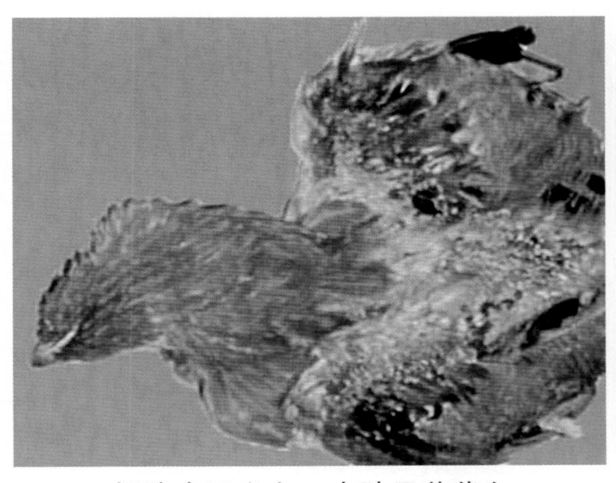

翅膀皮下出血，皮肤呈蓝紫色

（岳　华）

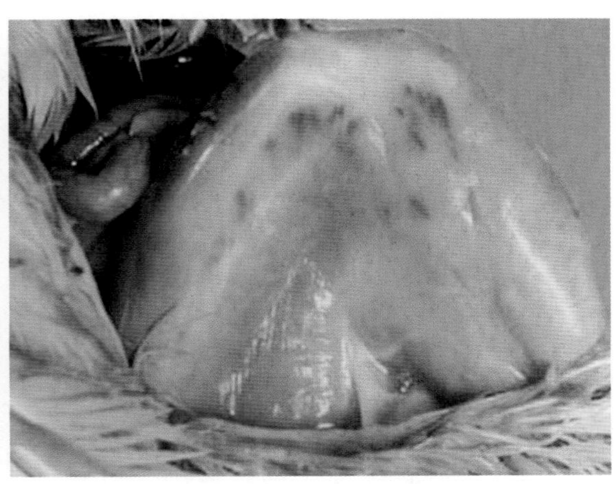

腿部肌肉苍白、出血

（岳　华）

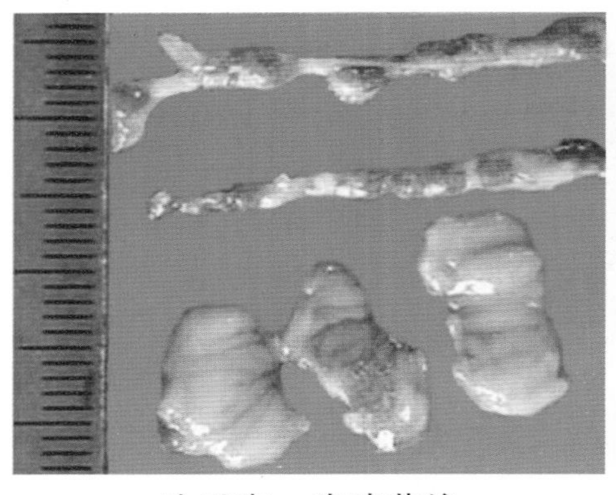
法氏囊、胸腺萎缩
（岳 华）

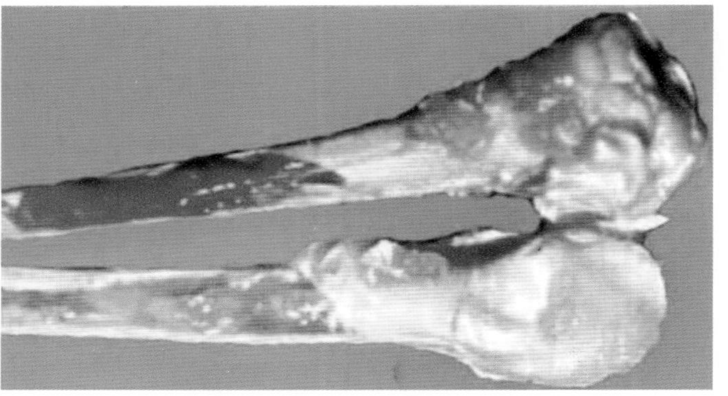
病鸡骨髓脂肪样变。上为正常对照
（岳 华）

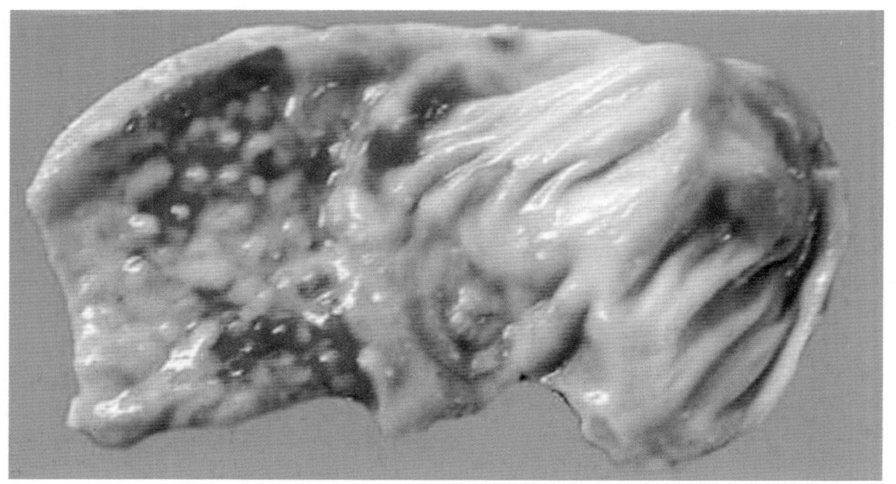
腺胃黏膜出血，乳头见有白色脓性分泌物
（岳 华）

● **防治措施** 及时用血清学方法检疫淘汰阳性鸡，可有效防止本病发生。用进口弱毒活疫苗，接种育成期种鸡可预防雏鸡发病。本病无有效疗法。

六、鸡传染性法氏囊病

鸡传染性法氏囊病是由病毒引起的主要危害幼龄鸡的一种急性、高度接触性传染病。

● **诊断要点**

➤ **流行特点** 3～6周龄的鸡最易感，感染率可达100%，死亡率一般为5%～40%。

➤ **临床特征** 排白色黏液样粪便，脱水严重时全身震颤、衰竭死亡。

➤ **病理特征** 腿部和胸部肌肉出血；法氏囊肿大出血、坏死呈紫红色葡萄

样。剖开见法氏囊黏膜出血、坏死。肾脏肿大，尿酸盐沉积而呈灰白色花斑状。腺胃与肌胃交界处可见带状出血。

➢ **鉴别诊断**　注意与新城疫、传染性支气管炎相区别。

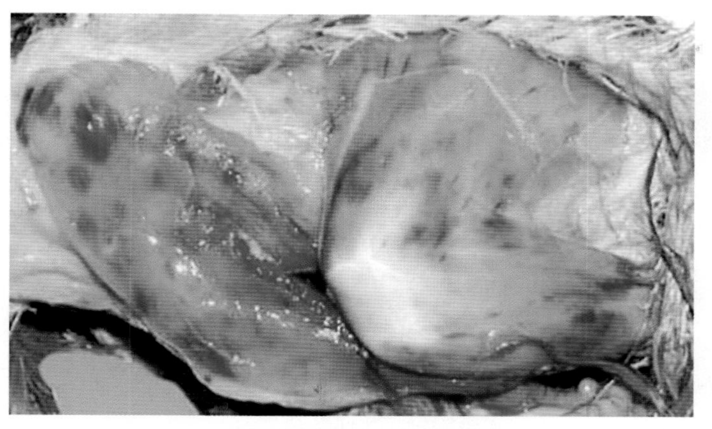

胸部和腿部肌肉出血　　（岳　华）

法氏囊黏膜出血、坏死
（岳　华）

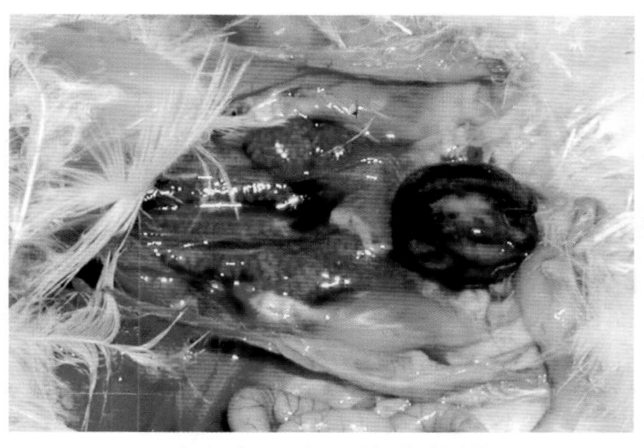

法氏囊出血呈紫葡萄样
（岳　华）

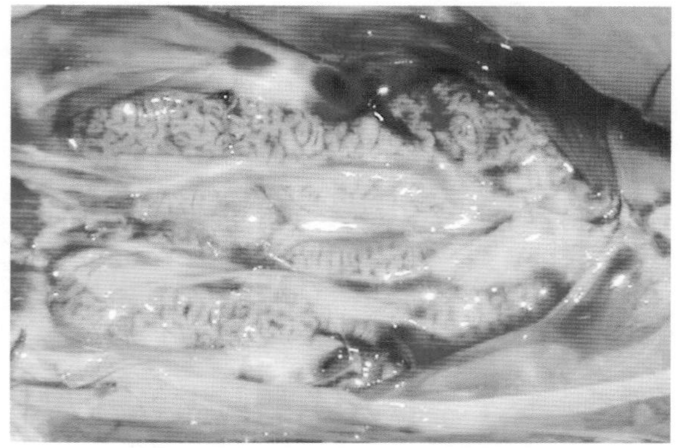

肾脏尿酸盐沉积呈花斑状
（岳　华）

● **防治措施**　加强饲养管理和卫生消毒，实行全进全出，可有效降低本病的发生。搞好种鸡免疫，提高母源抗体水平，可有效保护雏鸡，避免早期感染。鸡群一旦发病，应及早注射高免卵黄或高免血清，同时投服抗菌药物和电解多维，以防止继发感染、抗应激，可迅速控制死亡。

七、蛋鸡产蛋下降综合征

蛋鸡产蛋下降综合征是由腺病毒引起的以产蛋量下降、产软壳蛋和无壳蛋为特征的一种病毒性传染病。

● **诊断要点**

➢ **流行特点** 多发于高峰期产蛋鸡，产蛋量下降30%～50%。

➢ **临床特征** 高产蛋鸡群突然出现产蛋下降，畸形蛋显著增多。

➢ **病理特征** 输卵管发生急性卡他性炎症，管腔内有黏液渗出，黏膜水肿，似水泡。

➢ **鉴别诊断** 注意与鸡新城疫、禽流感、鸡传染性支气管炎等疾病相区别。

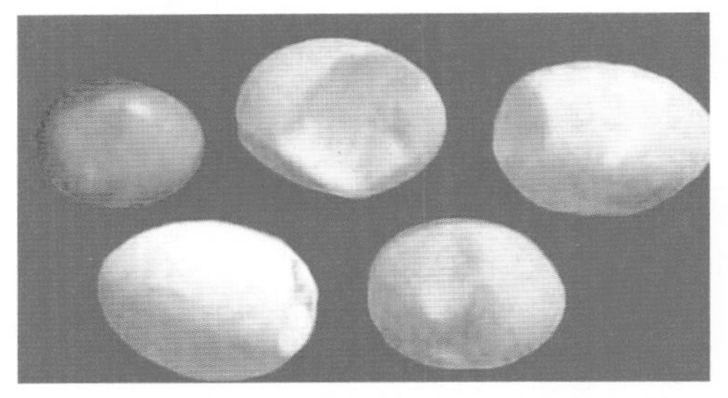

病鸡产薄壳蛋、软壳蛋且大小不等 （岳 华）

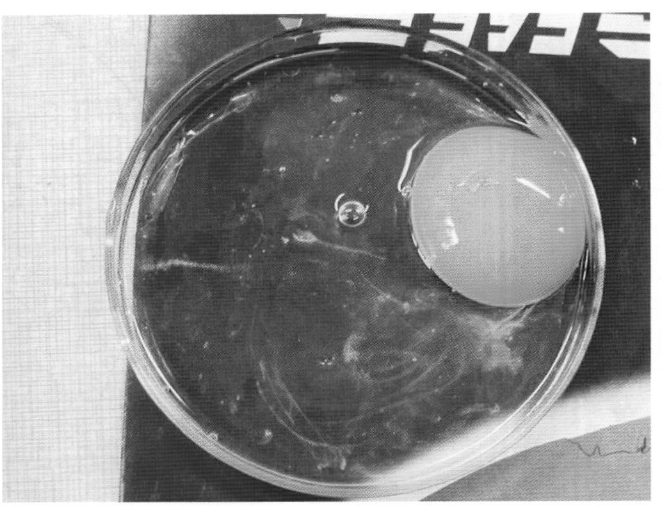

蛋白稀薄如水 （岳 华）

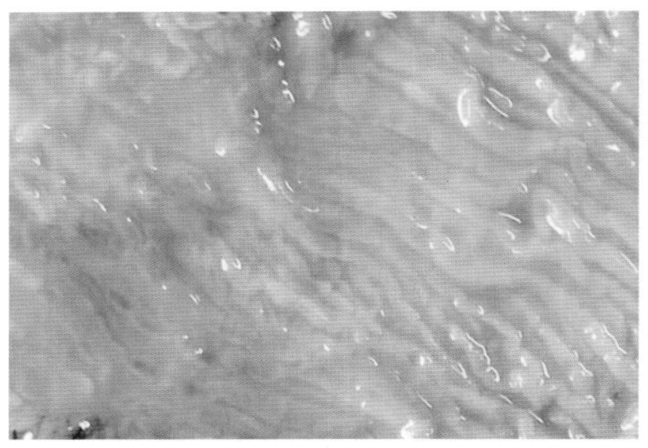

输卵管子宫部水肿、充血、出血、分泌物增多 （岳 华）

输卵管黏膜水肿 （岳 华）

● **防治措施** 加强饲养管理和带鸡消毒，可减少本病发生。母鸡在18～20周龄注射灭活苗，有较好的预防作用。目前尚无有效疗法，对发病鸡群投服抗菌药物，防止继发感染，补充电解多维，可促进本病康复。

八、鸡痘

鸡痘是由鸡痘病毒感染引起的以皮肤和黏膜病变为特征的一种接触性传染病。

● **诊断要点**

➢ **临床-病理特征**　根据病变部位分为皮肤型、白喉型或混合型。

皮肤型：皮肤上形成灰白色或黄白色水泡样的小结节（痘疹），逐渐增大或相互融合，干燥后形成灰黄色或棕褐色结痂。

黏膜型：口腔、气管及食道黏膜出现痘斑。

混合型：指皮肤型和黏膜型同时存在，病情严重，死亡率高。

➢ **鉴别诊断**　黏膜型鸡痘注意与鸡传染性喉气管炎、鸡慢性呼吸道病相区别。

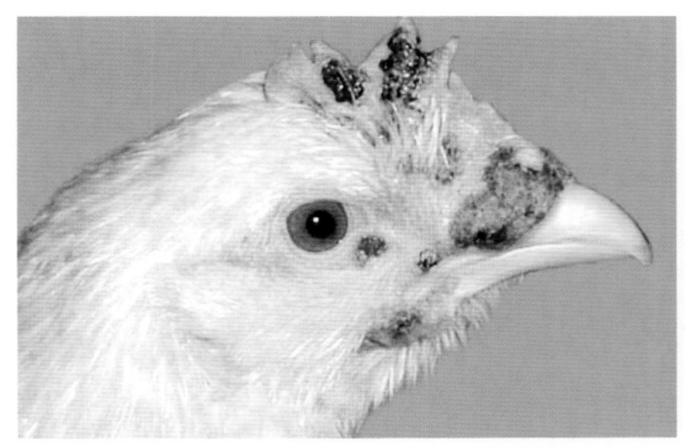

皮肤型鸡痘：头面部痘疹，鸡冠苍白
（岳　华）

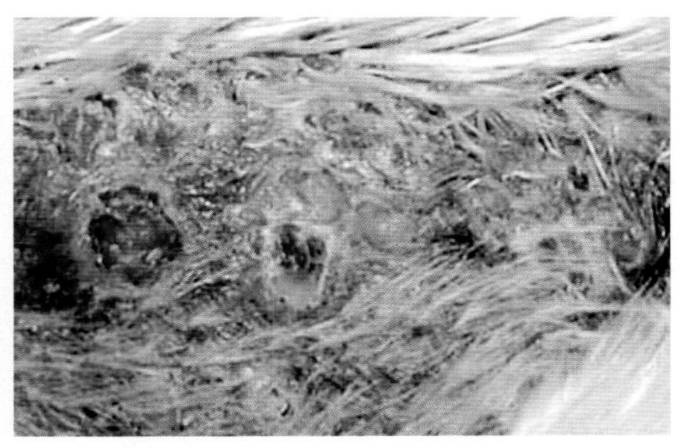

皮肤型鸡痘：胸部背侧皮肤的痘疹和痘痂
（岳　华）

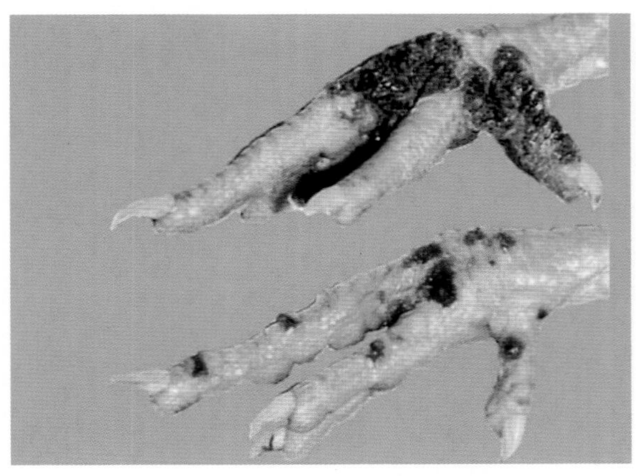

皮肤型鸡痘：趾部的痘痂
（岳　华）

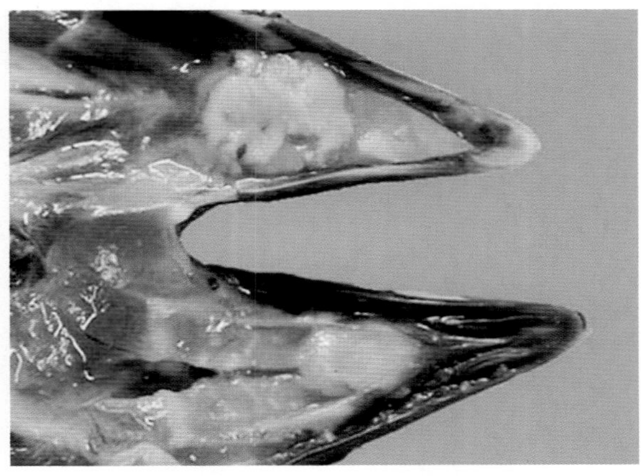

黏膜型鸡痘：口腔黏膜痘斑
（岳　华）

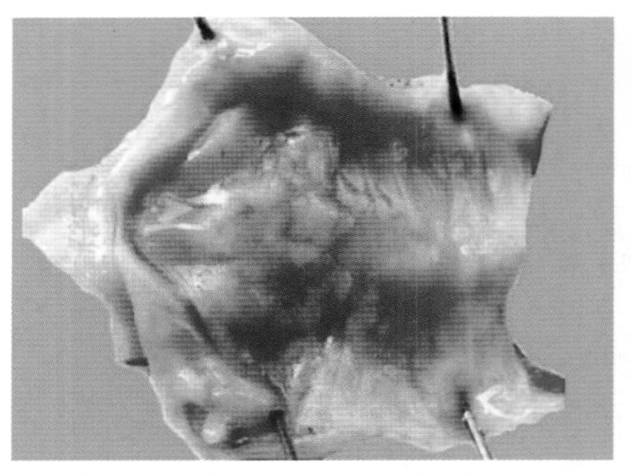
黏膜型鸡痘：喉头黏膜的痘斑
（岳 华）

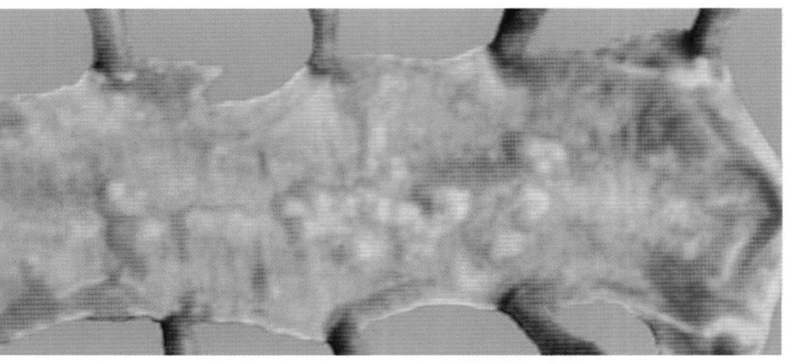
黏膜型鸡痘：气管黏膜的痘斑
（岳 华）

● **防治措施**

➢ 用鸡痘鹌鹑化弱毒疫苗分别于20日龄和110日龄皮下刺种，可有效预防鸡痘的发生。

➢ 鸡痘无特效治疗药物，皮肤型鸡痘，轻轻剥离痘痂后可用碘酊或紫药水局部处理。白喉型鸡痘可用镊子将口腔或喉腔内的假膜剥掉，用1%高锰酸钾冲洗后，再用碘甘油涂布。投服抗菌药物防止继发感染，补充电解多维，可促进病鸡康复。

九、鸡传染性脑脊髓炎

鸡传染性脑脊髓炎是由脑脊髓炎病毒引起的主要侵害雏鸡中枢神经系统的一种传染病，病鸡表现为共济失调和头颈震颤，又称流行性震颤。

● **诊断要点**

➢ 流行特点 1月龄以内的雏鸡最易感。

➢ 临床–病理特征 病鸡步态不稳，共济失调，头颈震颤，或瘫痪。

➢ 鉴别诊断 注意与鸡新城疫、鸡马立克氏病、维生素B_1缺乏症等疾病相区别。

头颈震颤，站立不稳
（岳 华）

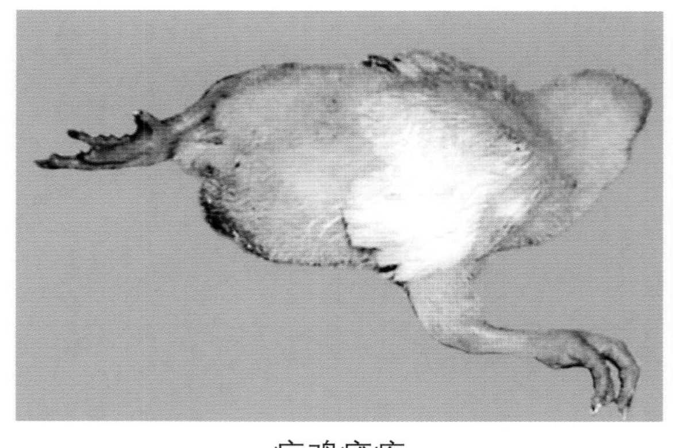

病鸡瘫痪

（岳 华）

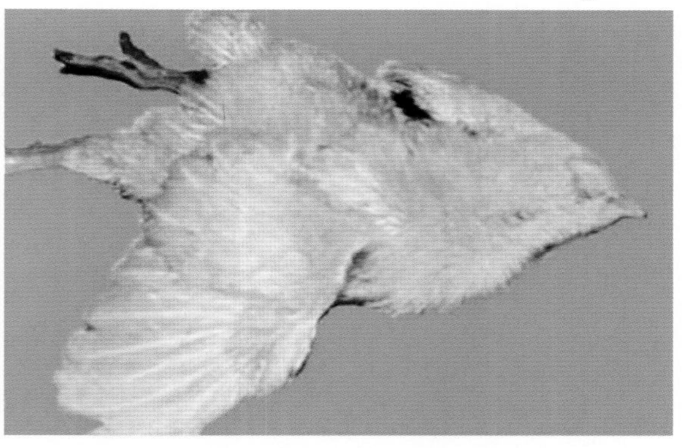

病鸡神经麻痹，站立不稳，头颈部震颤

（岳 华）

● **防治措施** 非疫区种鸡于开产前1个月注射灭活苗，疫区可在10 ～ 12周龄接种弱毒疫苗，开产前用弱毒疫苗或灭活疫苗二免。病鸡无治疗价值，一旦确诊，应及时淘汰病鸡或整个鸡群。

十、鸡马立克氏病

鸡马立克氏病是由乙型疱疹病毒引起鸡的一种具有高度传染性的淋巴细胞增生性肿瘤病。

● **诊断要点**

➢ 流行特点 多发于3 ～ 5月龄的鸡，发病率为5% ～ 60%，致死率达100%。

➢ 临床特征 神经型病鸡常因神经损伤而不能站立，病鸡呈劈叉姿势。

➢ 病理特征

皮肤型：皮肤表面见有大小不一的弥漫性肿瘤结节，多在褪毛后被发现。

神经型：一侧腰荐神经或坐骨神经弥漫性或局灶性肿大、增粗。

内脏型：内脏器官或组织见有大小不等的肿瘤结节形成。

眼型：一侧性病变，虹膜褪色、瞳孔缩小、边缘不整。

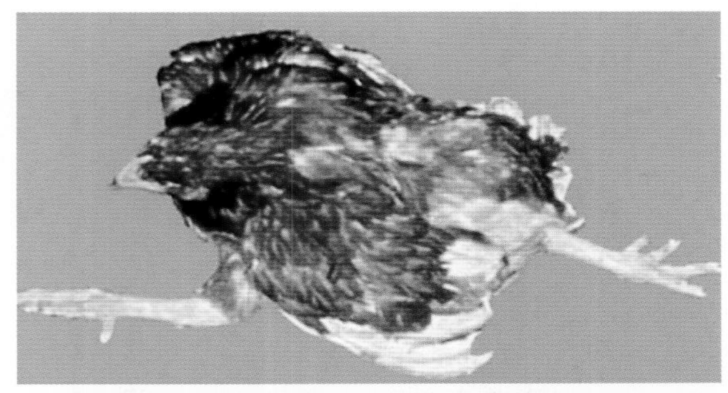

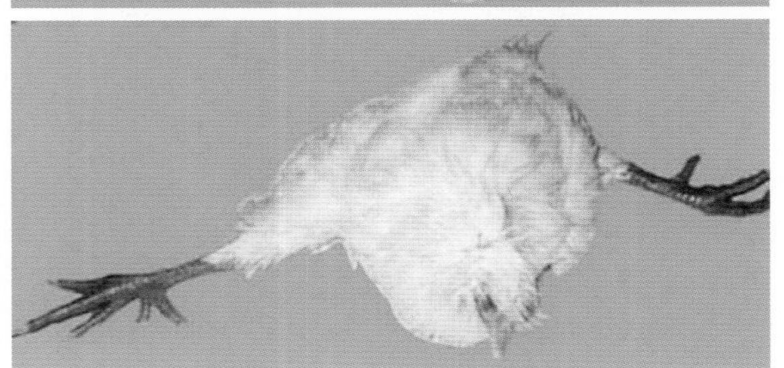

劈叉姿势 （岳 华）

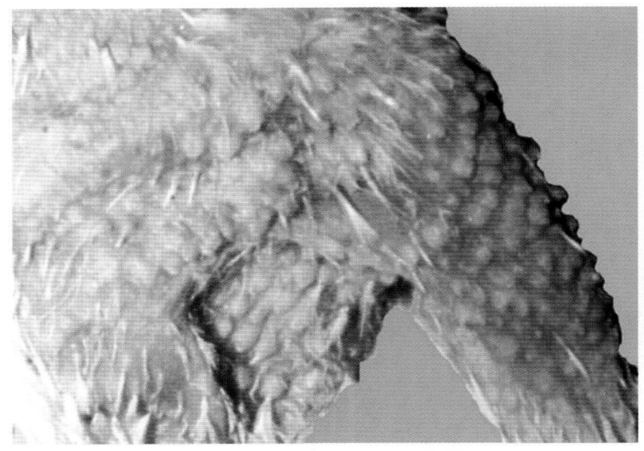

皮肤型：弥漫性肿瘤结节
（岳　华）

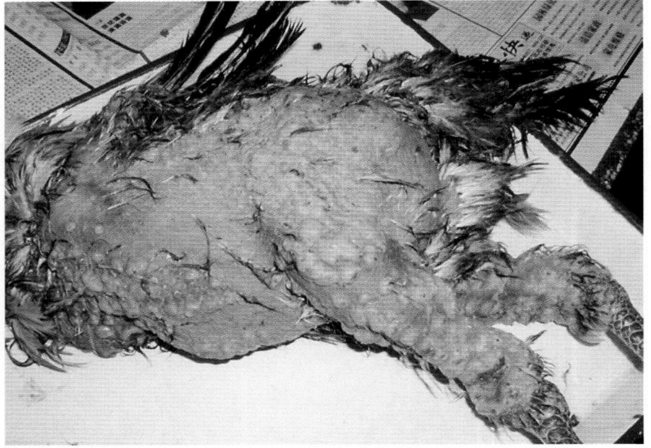

皮肤型：肿瘤结节
（岳　华）

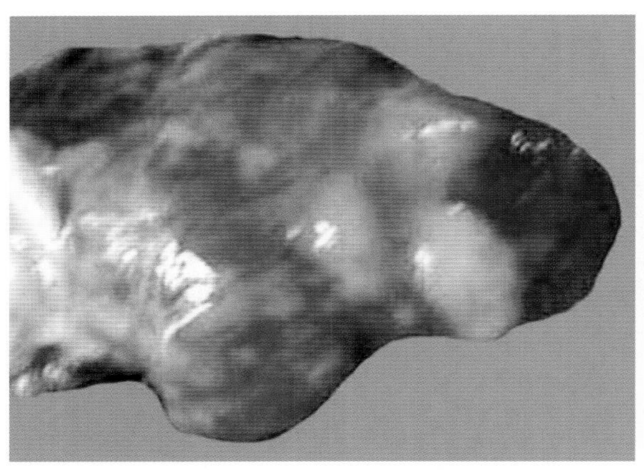

内脏型：心肌肿瘤结节
（岳　华）

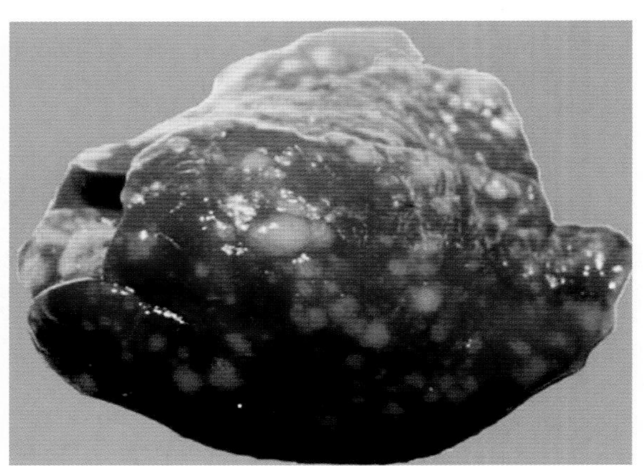

内脏型：肝脏肿瘤结节
（岳　华）

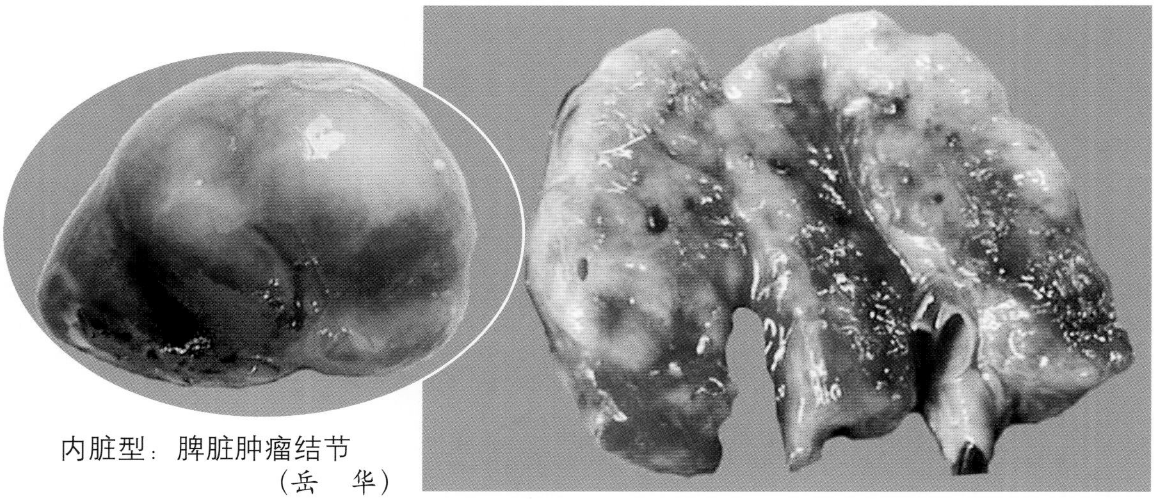

内脏型：脾脏肿瘤结节
（岳　华）

内脏型：肺脏肿瘤结节
（岳　华）

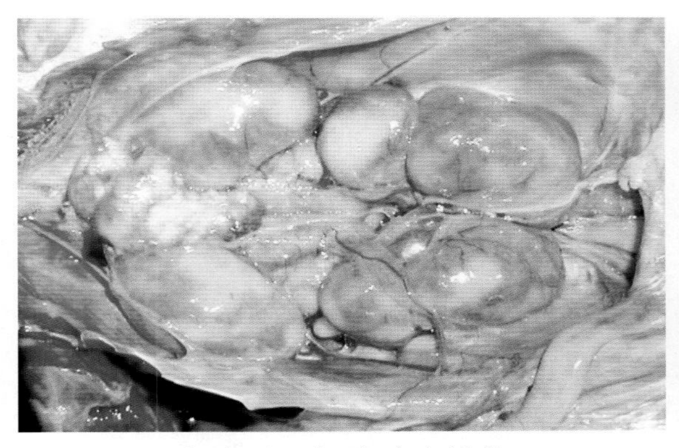

内脏型：肾脏肿瘤结节
（岳　华）

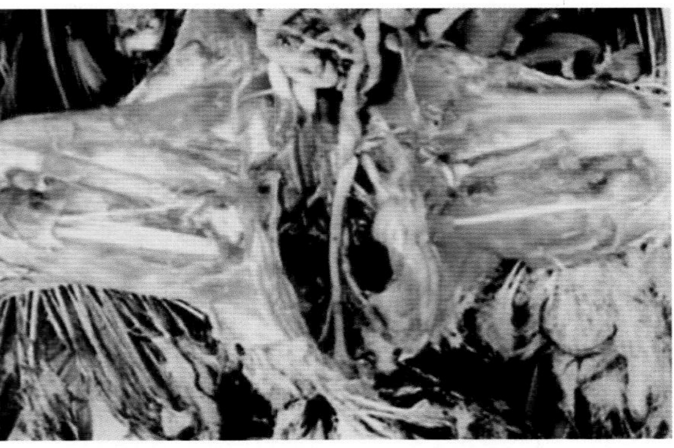

神经型：坐骨神经肿大（左侧）
（岳　华）

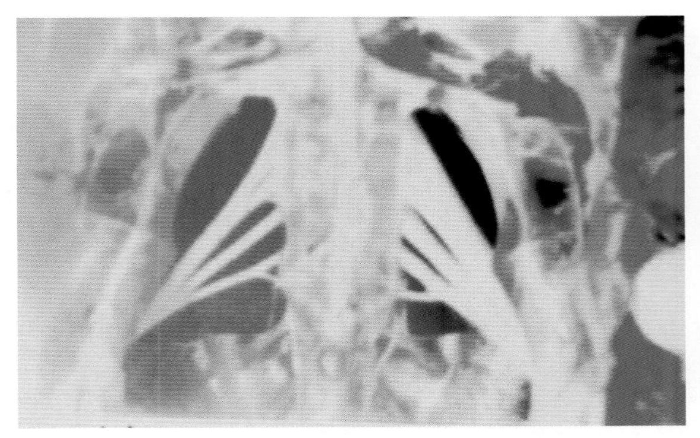

神经型：坐骨神经肿大（右侧）
（岳　华）

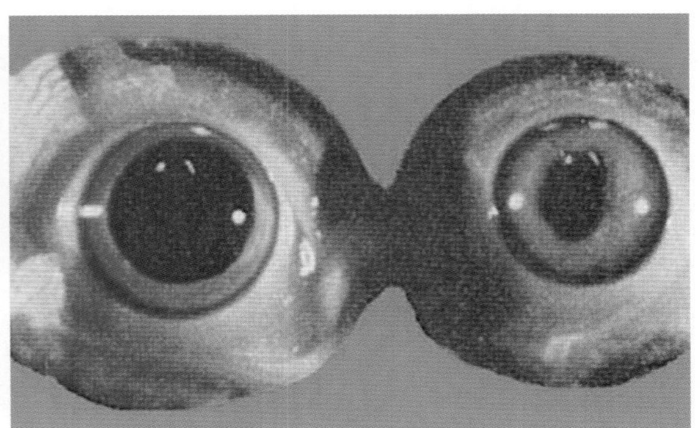

眼型：虹膜褪色，瞳孔缩小，边缘不整
（岳　华）

● **防治措施**

➢ 加强饲养管理，净化种鸡，种蛋及孵化室严格消毒，防止雏鸡在孵化室感染是防治本病的关键。

➢ 选择质量可靠的疫苗，在雏鸡出壳后尽快接种，最好在24小时内完成，可有效预防本病。

➢ 本病目前尚无有效治疗药物，对病鸡应及早发现、及时淘汰，以减少传染。

十一、鸡淋巴细胞性白血病

鸡淋巴细胞性白血病是由禽白血病/肉瘤群的病毒感染引起的一种鸡慢性肿瘤性疾病。

● **诊断要点**

➢ **流行特点**　见于16周龄以上的鸡，性成熟前后是发病高峰，多为散发。

➢ **临床特征**　病鸡进行性消瘦，常见腹部膨大，体外可触摸到肿大的肝脏，最后衰竭死亡。

➢ **病理特征** 肝脏显著肿大，严重时肿大的肝脏可覆盖整个腹腔，故俗为“大肝病”，表面散布有大小不等的肿瘤结节。其他内脏器官也见肿瘤结节形成。

➢ **鉴别诊断** 注意与马立克氏病相区别。

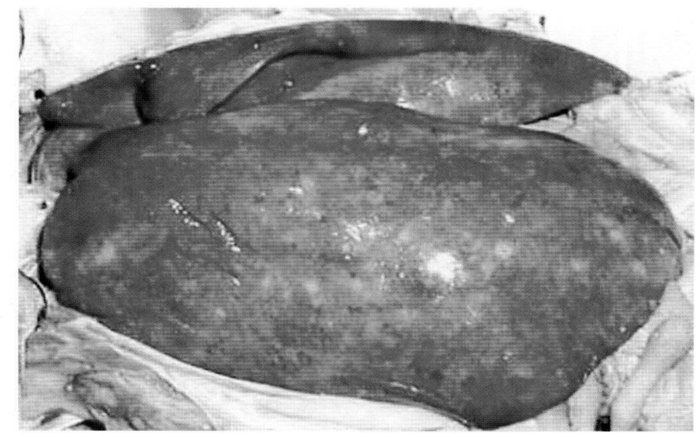

肝脏极度肿大，后缘达肛门处（大肝病）
（岳 华）

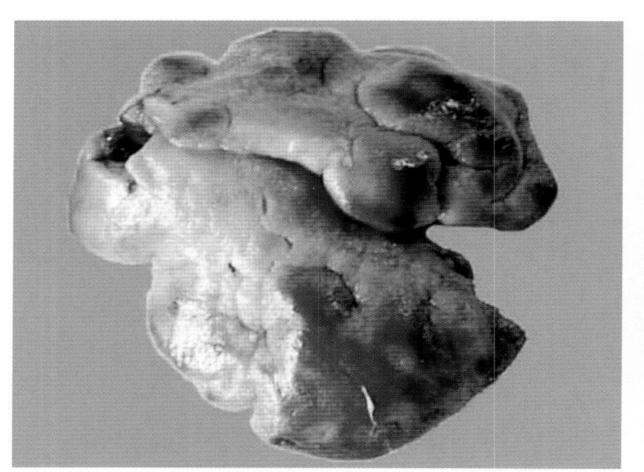

肝脏肿瘤结节
（岳 华）

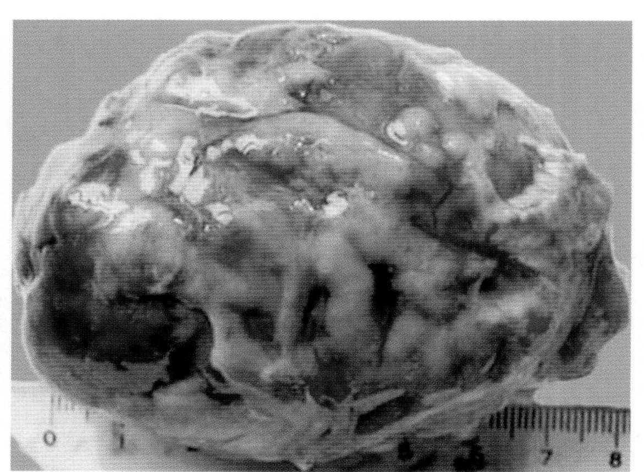

脾脏肿大，表面见有肿瘤结节
（岳 华）

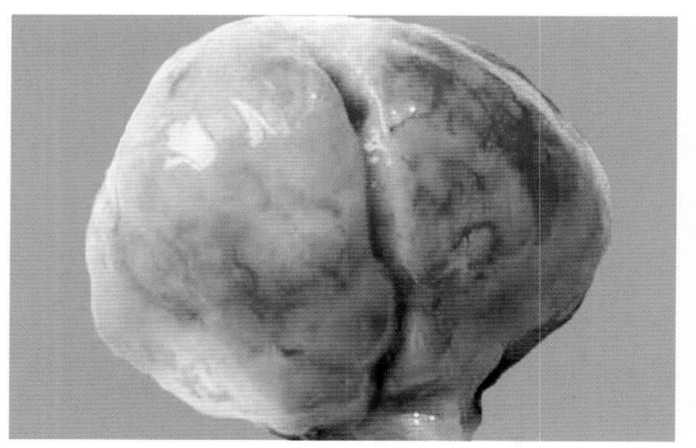

法氏囊肿瘤性增生、肿大
（岳 华）

肾脏肿瘤结节
（岳 华）

● **防治措施** 目前尚无疫苗用于本病预防，也无有效疗法，重在预防。

十二、鸡白痢

鸡白痢是由鸡白痢沙门氏菌引起的各种年龄鸡均可发生的传染病，以急性败血性经过或慢性、隐性感染为特征。

● **诊断要点**

➢ **临床－病理特征**

雏鸡：多见于1 ～ 2周龄的雏鸡。特征症状是下痢，排灰白色黏液状稀便，污染肛周羽毛，堵塞肛门时排便困难而死亡。

剖检见肝脏、脾脏、肺脏和心肌有大小不等的灰黄色坏死灶或灰白色结节；卵黄吸收不良，内容物呈黄色奶油状或干酪样。盲肠肿粗，内有干酪样凝结物。

成年鸡：特征性病变是慢性卵巢炎。

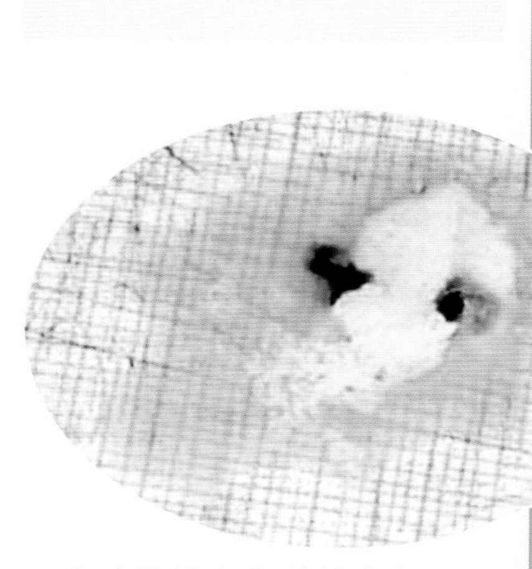

病鸡排泄白色黏性粪便
（岳　华）

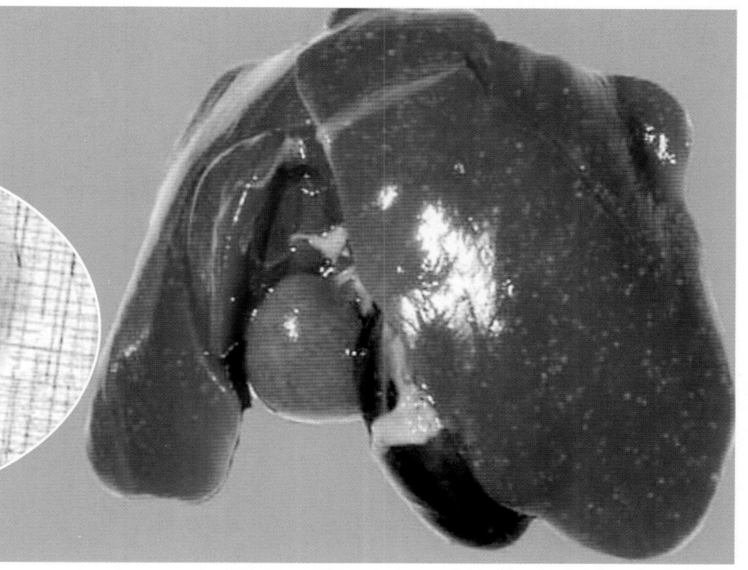

肝脏表面见有灰白色坏死点
（岳　华）

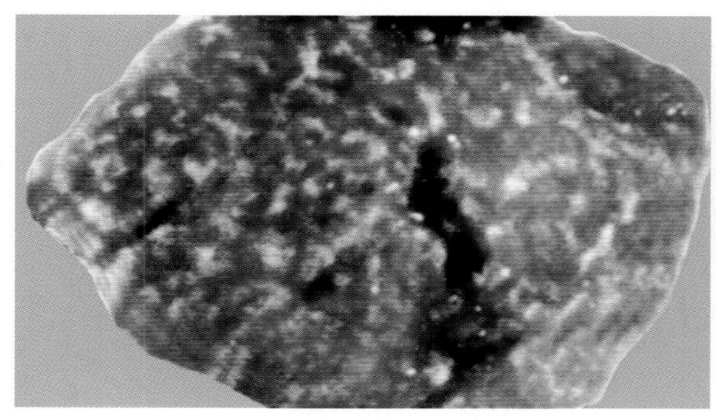

肺脏脓性肉芽性病灶
（岳　华）

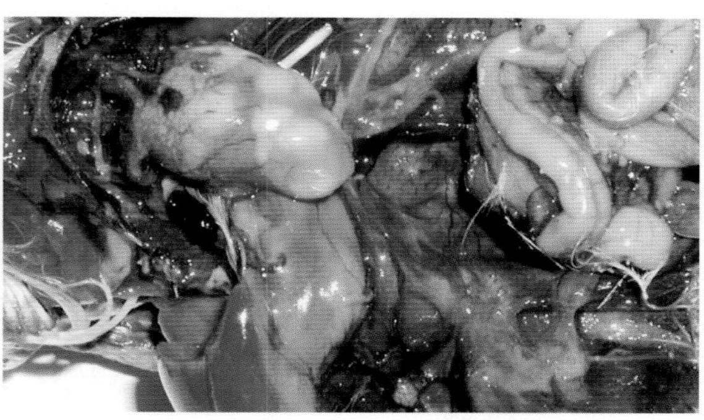

心肌见有大小不等的灰白色坏死灶
（岳　华）

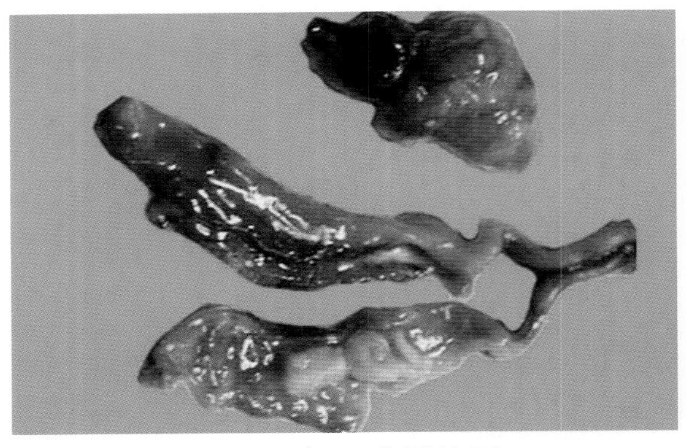

盲肠内有干酪样栓子

（岳　华）

卵巢变性、坏死

（岳　华）

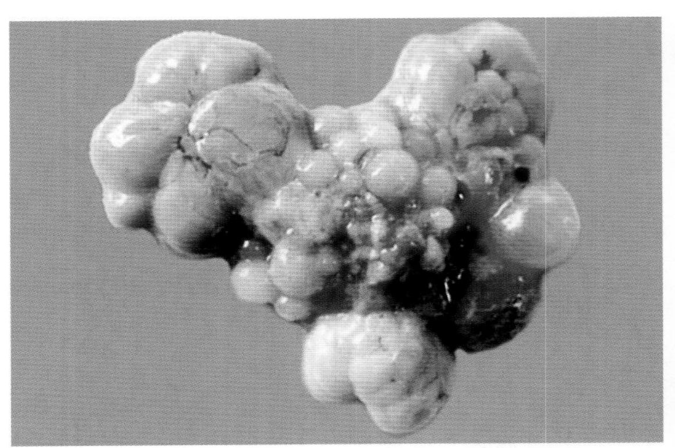

卵泡出血、变性、变形、变色

（岳　华）

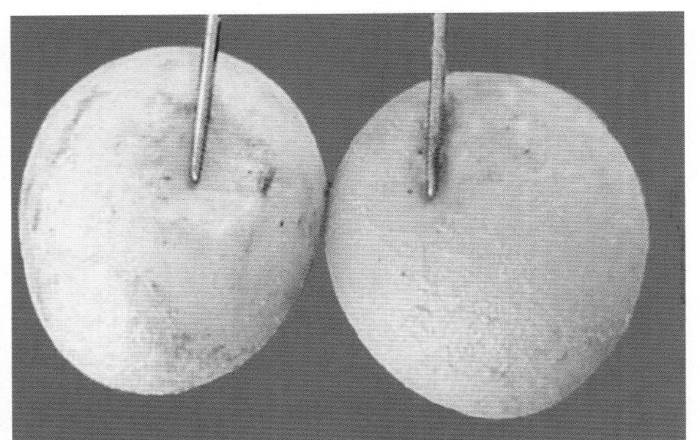

病鸡产的软壳蛋、沙壳蛋

（岳　华）

● **防治要点**

➢ 切断传播途径，搞好种鸡场净化工作，加强卫生消毒，防止孵化感染，可有效防止鸡白痢的发生。

➢ 出壳雏鸡开食时用敏感抗菌药物，如环丙沙星、氧氟沙星、氟苯尼考、新霉素等饮水或拌料，使用3 ～ 5天，可取得满意的预防效果。

➢ 对发病鸡群的治疗最好在药敏试验的基础上，选择高敏药物使用，并注意穿梭用药，因为鸡白痢沙门氏菌对多种抗菌药物有耐药性。

十三、禽霍乱

禽霍乱又称禽巴氏杆菌病，是由多杀性巴氏杆菌引起的多种家禽的急性败血性传染病，以出血性炎和坏死性炎为特征。

● **诊断要点**

➢ 流行特点　以3 ～ 4月龄育成禽和产蛋禽多见。

➢ 临床－病理特征　全身浆膜、黏膜点状出血；局灶性坏死性肝炎；出血

性十二指肠炎；心外膜和心冠状沟见有密集的出血斑点；肺脏瘀血、水肿。

➢ **鉴别诊断**　注意与新城疫、禽流感相区别。

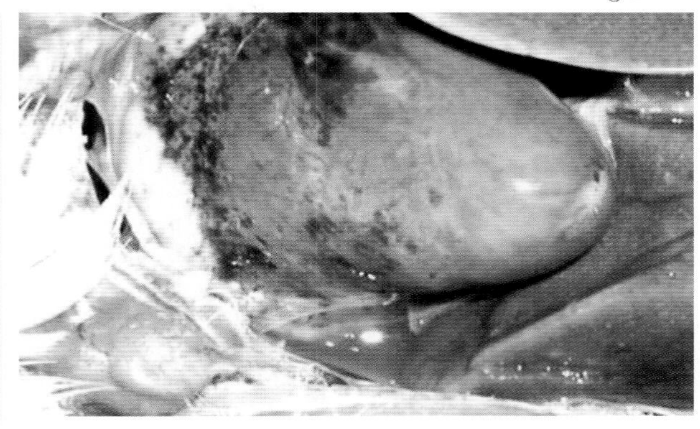

心脏冠状脂肪及心外膜斑点状出血
（岳　华）

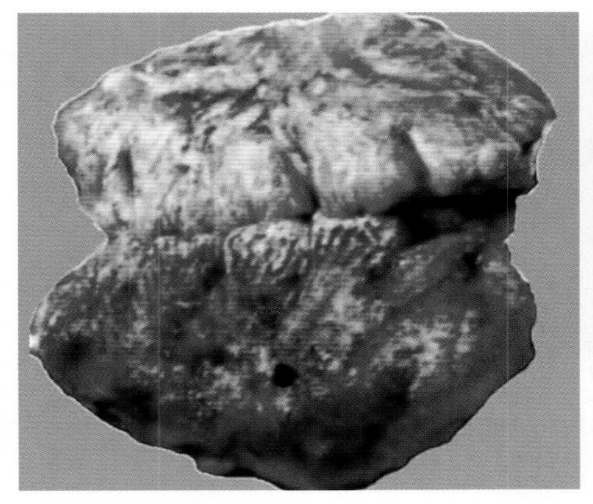

肺脏高度膨隆，充血、出血、水肿
（岳　华）

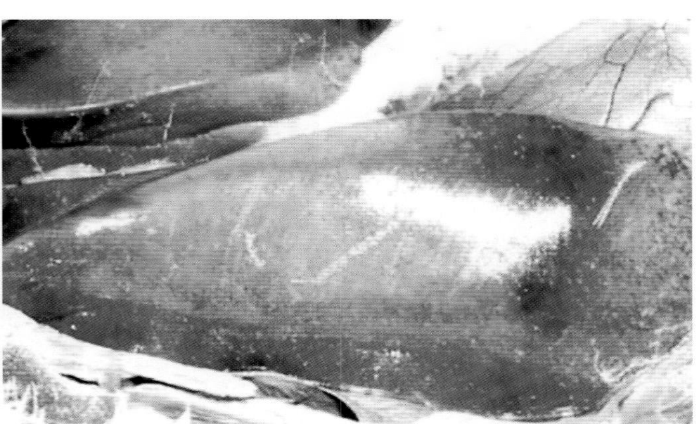

肝脏肿大，表面见有均匀分布的灰白色坏死点
（岳　华）

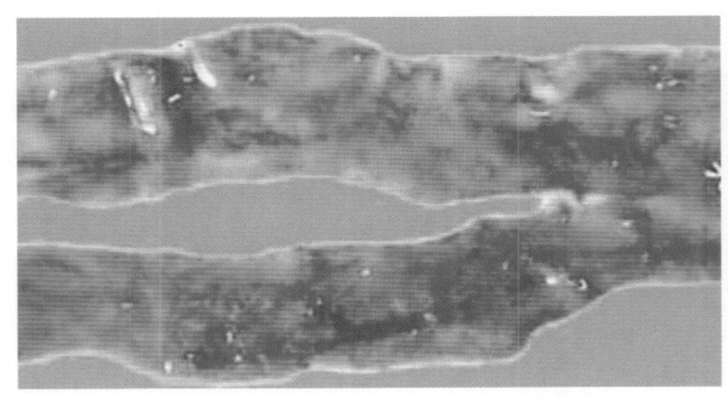

肠黏膜充血、出血
（岳　华）

肠管发红，浆膜出血
（岳　华）

● **防治要点**

➢ 目前有弱毒疫苗和灭活疫苗可用于预防，但免疫期一般只有3个月，免疫保护率也不理想。

➢ 对已发病的鸡群，可选用增效磺胺、氧氟沙星等敏感药物内服，或用链霉素、卡那霉素、庆大霉素等肌内注射，均有良好疗效。

十四、鸡大肠杆菌病

鸡大肠杆菌病是由大肠埃希氏菌的某些血清型所引起的一类疾病的总称。

● 诊断要点

➢ 临床-病理特征

幼雏：脐炎，脐孔闭合不全、周围皮肤红肿；卵黄吸收不良；腹部膨胀，俗称大脐病。

中雏：多表现为气囊炎、肝周炎、心包心肌炎、关节炎和滑膜炎。

产蛋鸡：主要表现为输卵管炎、卵黄性腹膜炎、肠炎、肉芽肿和全眼球炎。

➢ 鉴别诊断　注意与鸡慢性呼吸道病相区别。

气囊壁和心包增厚

（岳　华）

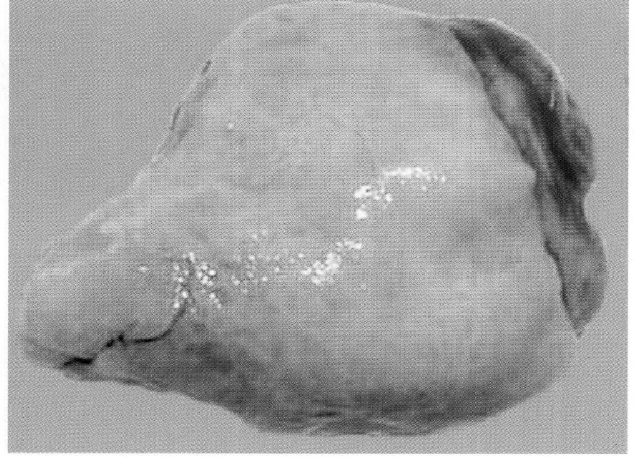

纤维素性心包炎

（岳　华）

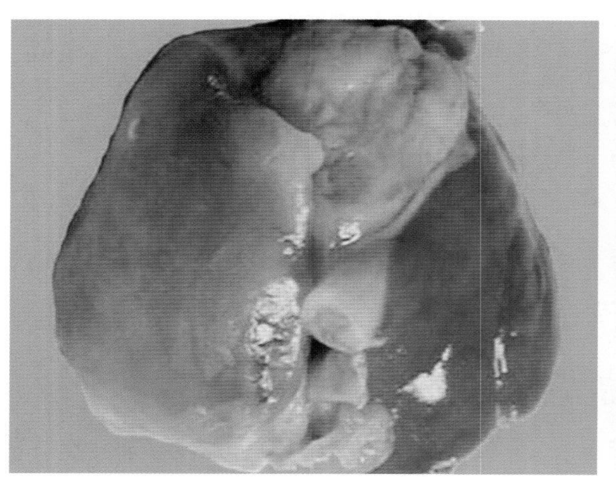

纤维素性肝周炎

（岳　华）

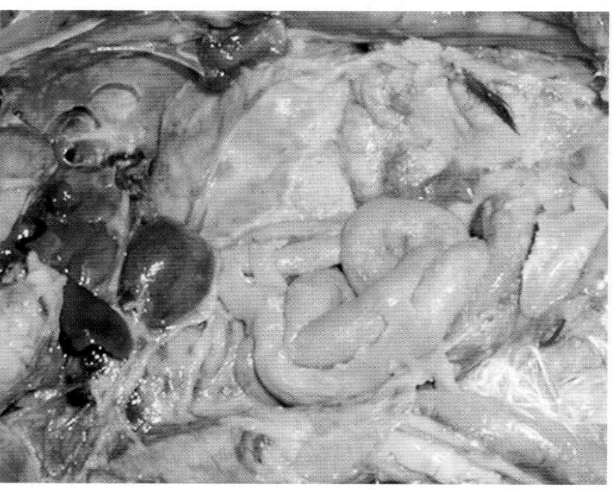

卵泡破裂，腹腔内有凝卵样物质

（岳　华）

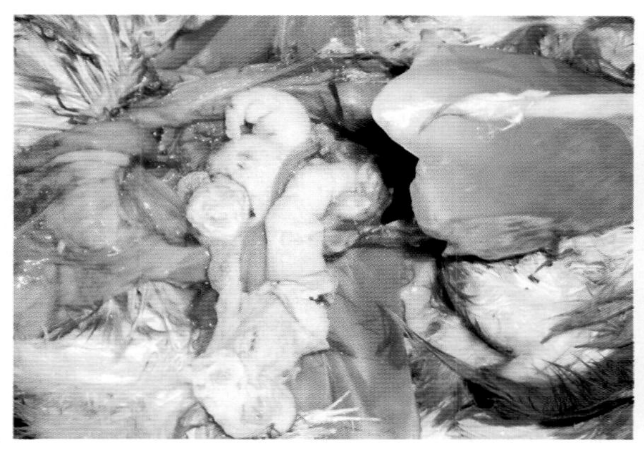

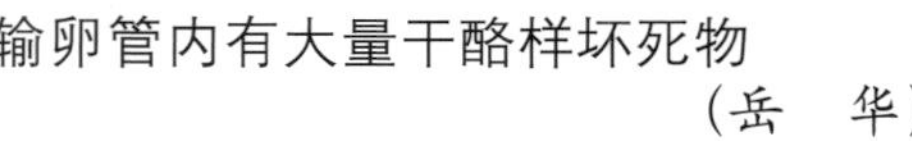

输卵管内有大量干酪样坏死物
（岳　华）

头部皮下形成的肉芽肿
（岳　华）

● **防治措施**

➢ 禽大肠杆菌病血清型众多，免疫原性差，在本病流行严重地区，可使用自家疫苗，有一定保护作用。

➢ 发病鸡群可用广谱抗菌药物，如氟苯尼考、新霉素、磺胺、诺氟沙星等敏感药物进行治疗，但由于耐药菌株的普遍存在，最好根据药敏试验结果确定用药，才能取得满意疗效。

十五、鸡慢性呼吸道病

鸡慢性呼吸道病是由鸡败血支原体感染引起的鸡和火鸡的一种慢性接触性传染病，以呼吸困难、眶下窦肿胀为特征。

● **诊断要点**

➢ 流行特点　1～2月龄最易感，感染率为20%～70%，多呈慢性经过，死亡率低。以寒冷季节多发。

➢ 临床特征　呼吸困难；眼睑粘连和眶下窦肿胀，眼部突出，内有白色干酪样物。

➢ 病理特征　呼吸道炎症和气囊炎。

➢ 鉴别诊断　注意与鸡传染性鼻炎、鸡大肠杆菌病相区别。

病鸡张口呼吸　（岳　华）

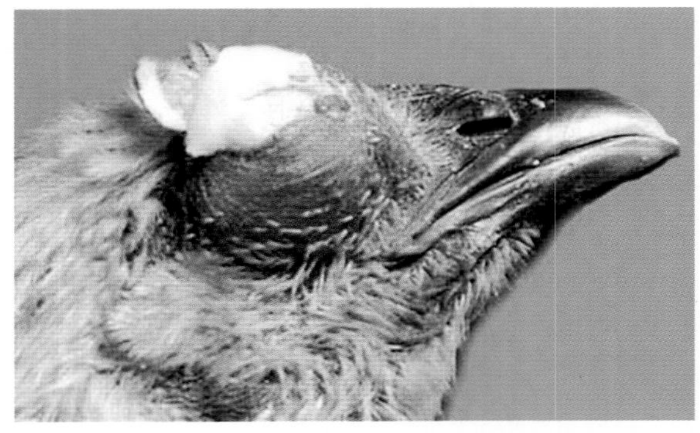

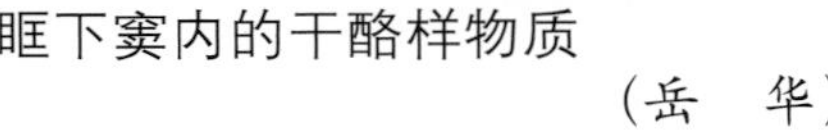

眶下窦内的干酪样物质

（岳　华）

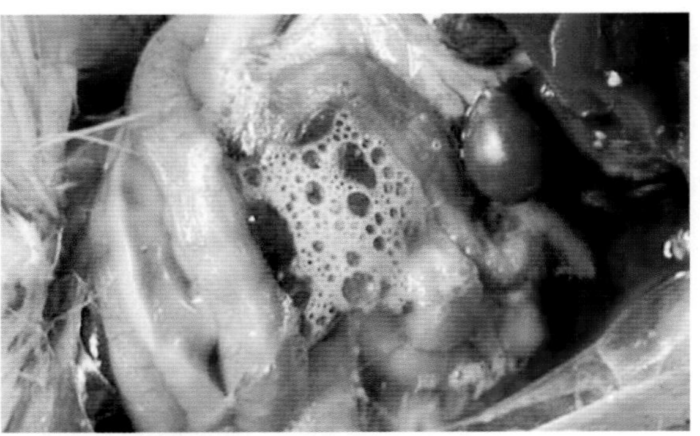

气囊壁轻度浑浊，有黄白色气泡

（岳　华）

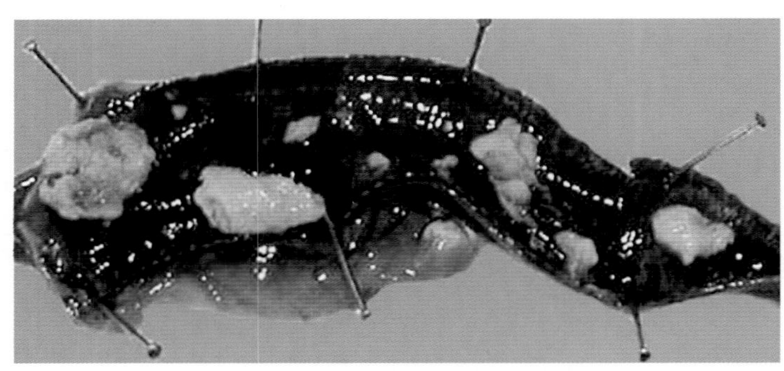

气管内的干酪样物质

（岳　华）

● **防治措施**

➢ 种鸡场应建立净化种鸡群，阻断垂直传播。

➢ 目前已有弱毒疫苗和灭活疫苗用于鸡慢性呼吸道病的预防，可显著降低本病发病率。

➢ 发病鸡群用红霉素、严迪、泰乐菌素、洁霉素、林可霉素和强力霉素等药物治疗，因耐药性败血支原体菌株的存在，最好参考药敏试验结果用药。

十六、鸡传染性鼻炎

鸡传染性鼻炎是由副鸡嗜血杆菌所引起的一种急性呼吸道疾病，以鼻腔、眶下窦卡他性炎、结膜炎和面部肿胀为特征。

● **诊断要点**

➢ **流行特点**　以4 ～ 12月龄鸡最易感，寒冷季节多发。

➢ **临床特征**　病鸡呼吸困难，流炎性鼻涕；结膜发炎；颜面部水肿，一侧或两侧眼睛肿胀闭合。

➢ **病理特征**　鼻腔和眶下窦发生卡他性炎。颌下及颜面部皮下水肿；眼结

膜充血肿胀。产蛋鸡可见卵泡变形、破裂，有时可见卵黄性腹膜炎。

➢ **鉴别诊断**　注意与鸡慢性呼吸道病相区别。

病鸡眼睑和眶下窦肿胀（岳　华）

病鸡呼吸困难，流出浆液性、黏液性或脓性鼻涕。肉髯及下颌肿胀（岳　华）

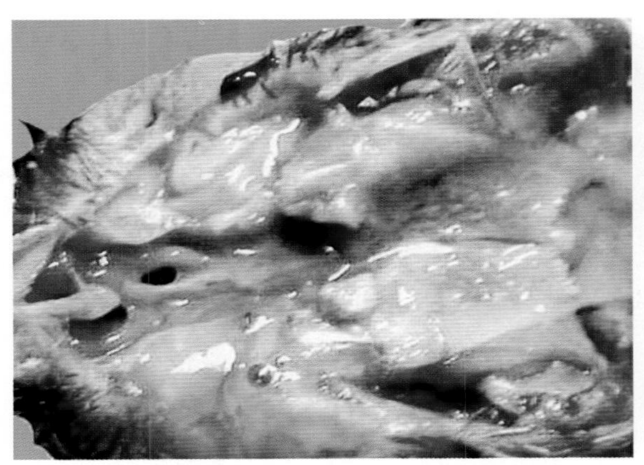

鼻腔和眶下窦内有白色黏液性分泌物（岳　华）

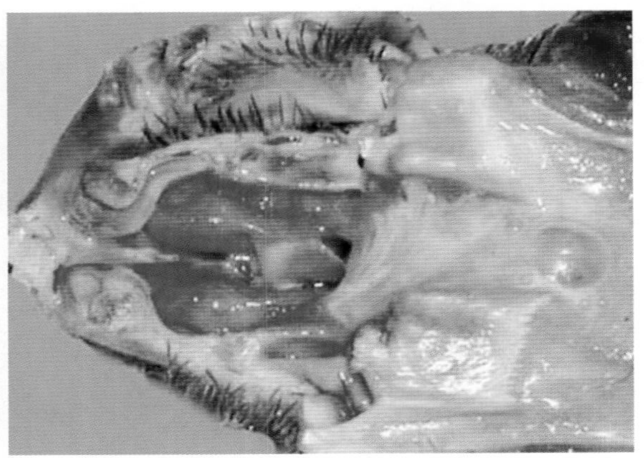

鼻黏膜充血水肿，鼻窦内有大量黏液（岳　华）

● **防治措施**

➢ 目前多采用灭活油苗免疫鸡群，50 ~ 60日龄首免，100 ~ 110日龄二免，有较好的预防效果。

➢ 发病鸡群用红霉素、泰乐菌素、磺胺、喹诺酮类等进行治疗，也可用链霉素、庆大霉素、壮观霉素等肌内注射，可迅速控制本病流行。发病期间，每天应对圈舍、用具及环境消毒1 ~ 2次，以免反复感染。

十七、鸡坏死性肠炎

坏死性肠炎是由C型和A型魏氏梭菌引起的鸡和火鸡的急性传染病。

● 诊断要点

➢ 流行特点　主要侵害2周龄至5月龄的鸡。

➢ 病理特征　小肠膨胀紫黑色，黏膜坏死，深达肌层，严重时整个肠黏膜脱落，肠内容物紫黑色。

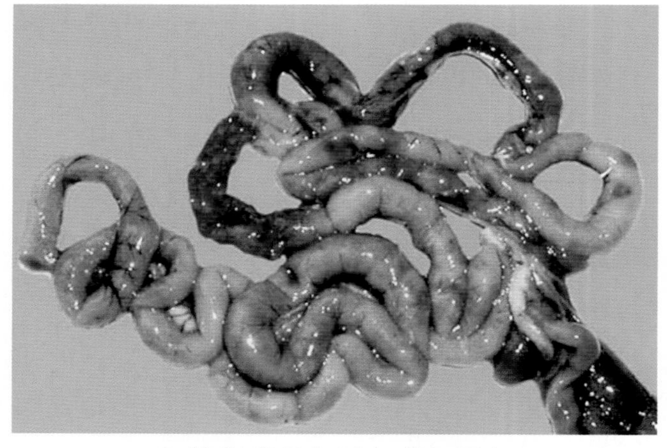

肠管膨胀呈灰黑色或灰绿色

（岳　华）

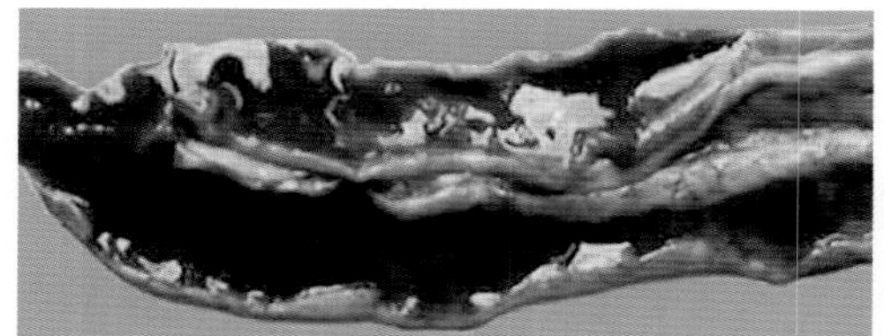

十二指肠内容物污绿色

（岳　华）

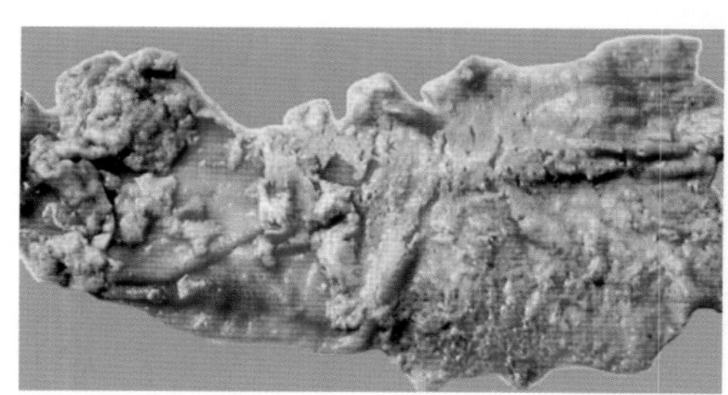

纤维素性肠炎

（岳　华）

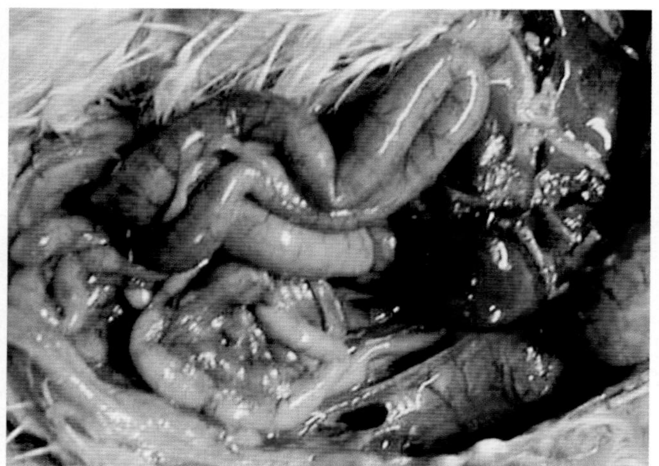

肠道臌气、膨胀，内有黑褐色肠内容物

（岳　华）

● 防治要点　常用抗菌药物如杆菌肽、土霉素、青霉素、磺胺等对本病有较好的预防和治疗效果。

十八、禽曲霉菌病

禽曲霉菌病是由曲霉菌引起的多种禽类的一种真菌性传染病，以霉菌性肺炎、气囊炎和霉菌性结节形成为特征。

● **诊断要点**

➢ **流行特点**　20日龄以内的雏禽呈急性暴发，成年家禽多散发。

➢ **临床特征**　雏鸡呼吸困难、喘气，后期可见下痢症状。

成年鸡多呈慢性经过，主要表现为消瘦、贫血，严重者呼吸困难、衰竭死亡。产蛋鸡产蛋量下降，甚至停产。

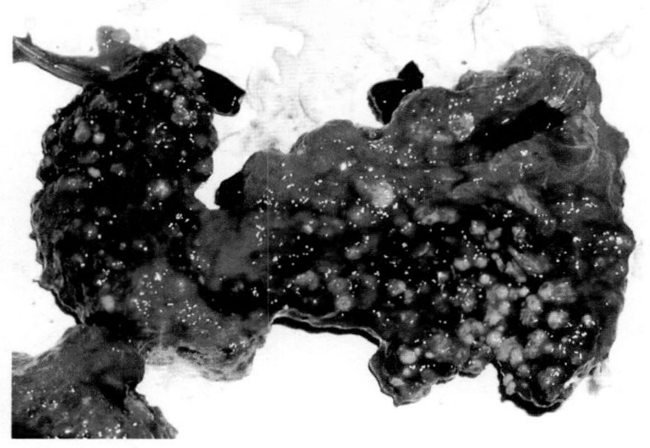

肺脏出现典型的霉菌结节，结节大小不等（粟粒大到绿豆大），灰白色、黄白色或淡黄色，均匀散布于肺脏　（岳　华）

➢ **病理特征**　肺脏出现典型的霉菌结节，结节大小不等（粟粒到绿豆大），灰白色、黄白色或淡黄色，均匀散布于肺脏。气囊壁、腹膜和腹腔内脏浆膜面有与肺脏相似的霉菌性结节。

➢ **鉴别诊断**　注意与鸡白痢、鸡马立克氏病相区别。

● **防治措施**　避免饲料和垫料霉变，不使用霉变饲料和垫料是防止本病发生的关键，因此应保持圈舍干燥、通风换气和料槽等用具的清洁卫生。

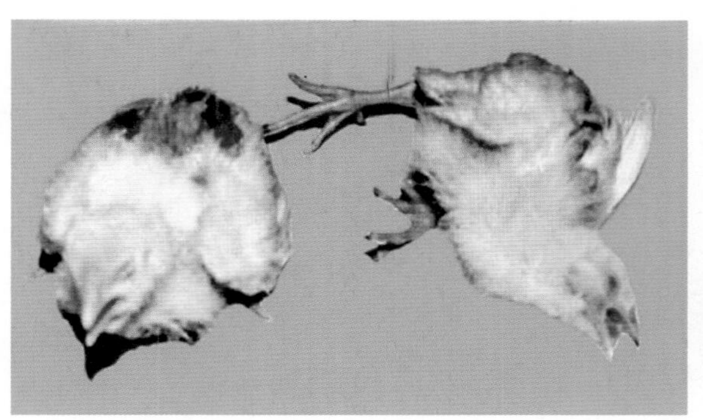

病鸡呼吸困难、喘气，头颈伸直，张口呼吸　（岳　华）

肾脏、气囊壁、肝脏上有黄白色结节和白色霉菌菌斑，肝脏肿大　（岳　华）

对发病禽群用制霉菌素或克霉唑治疗，有一定效果。同时，立即更换垫草或霉变饲料，对圈舍进行消毒，可在短时间内降低发病和死亡。

十九、鸡球虫病

鸡球虫病是由艾美耳属的球虫引起鸡的一种原虫病，常见的有盲肠球虫病和小肠球虫病，以前者危害严重。

● 诊断要点

➢ 流行特点　3～6周龄幼鸡最易感，发病率和死亡率都很高。

➢ 临床特征　鸡冠苍白，排出橘红色、咖啡色或血性粪便，随后死亡。

➢ 病理特征　盲肠增粗，壁增厚，呈暗红色，黏膜弥漫性出血或坏死，肠腔内充有大量暗红色血液或血性凝栓。

肠内容物镜检可见大量的球虫虫卵。

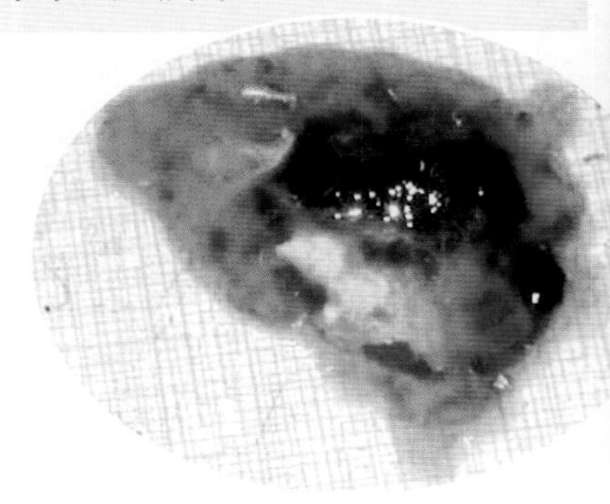

病鸡排出橘红色、咖啡色或血性粪便　（岳　华）

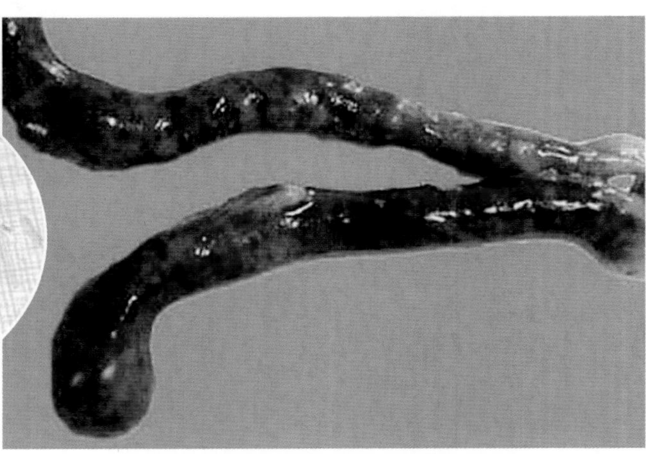

盲肠膨胀，浆膜面出血、坏死　（岳　华）

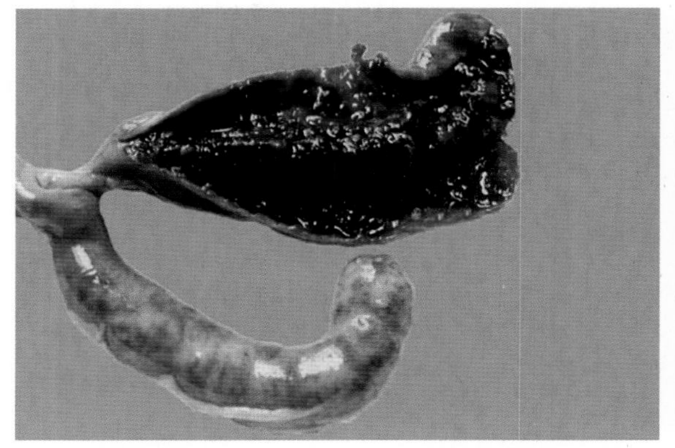

盲肠黏膜出血、坏死，内有肠内容物与血液形成的栓子　（岳　华）

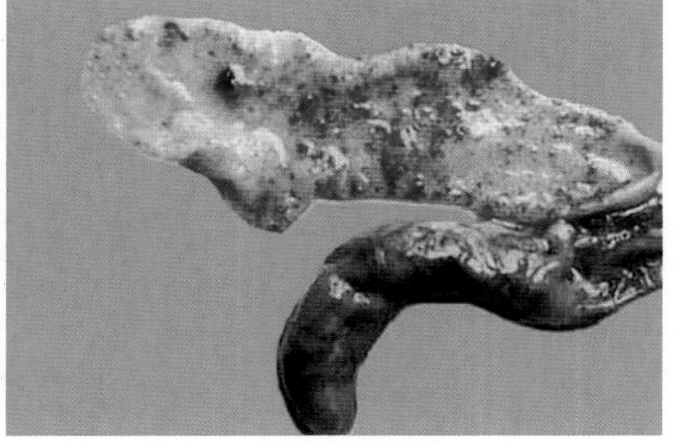

盲肠黏膜出血　（岳　华）

● 防治措施

➢ 切断球虫的体外生活链，保持圈舍通风、干燥，及时清除粪便，定期消毒等，可有效防止本病发生。在球虫高发年龄段，使用敏感抗球虫药物，是本病的重要预防手段。

➢ 目前已有球虫弱毒疫苗面世。据报道，使用得当，有一定效果。

➢ 发病鸡群可使用氨丙林、马杜拉霉素、莫能菌素、磺胺等抗原虫药物进行治疗，对急性发病鸡群同时使用维生素K或青霉素制止出血，可迅速控制死

亡。但因球虫易产生耐药性，防治时，应选择敏感药物，并注意穿梭用药，严格掌握用药剂量，防止球虫药中毒。

二十、鸡住白细胞虫病

鸡住白细胞虫病又称卡氏白细胞原虫病，俗称白冠病，是由住白细胞虫引起的一种原虫病。

● **诊断要点**

➢ **流行特点**　8月龄以下鸡感染率低，发病死亡率高；8月龄以上鸡感染率高，发病死亡率低。

➢ **临床特征**　贫血出血。产蛋鸡产蛋量显著下降。

➢ **病理特征**　胸肌、腿肌以及肾脏、肺脏、肝脏、心脏、胰腺、肠管和腹腔浆膜等器官组织见有点状出血，出血点中央有一灰白色小点或小结节（裂殖体）。

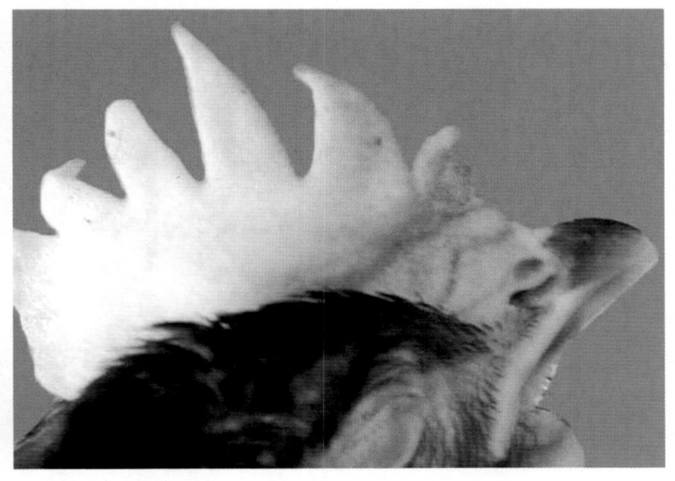

病鸡贫血，鸡冠和肉髯呈粉红色或苍白
（岳　华）

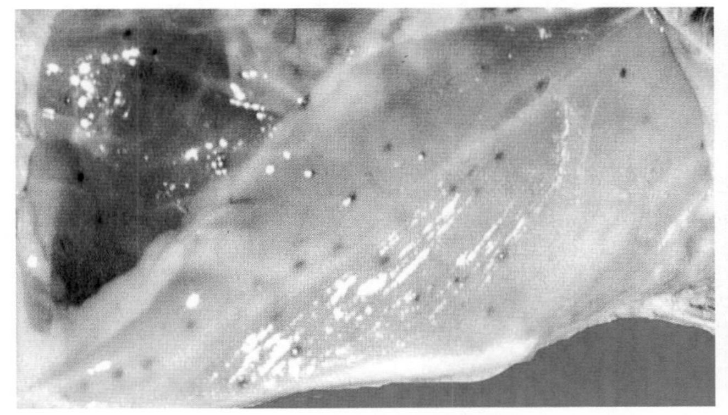

胸肌苍白、出血，出血点中央包围有白色裂殖体
（岳　华）

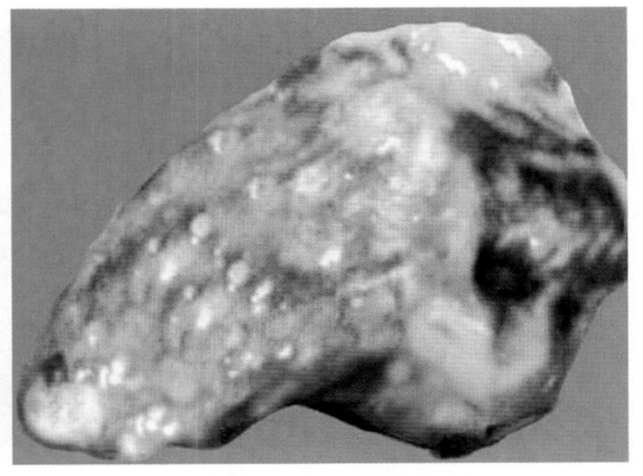

心脏表面有白色小结节
（岳　华）

● **防治措施**　做好卫生消毒工作，消灭鸡舍内外的媒介昆虫是预防本病发生的重要措施。疫区在库蠓活跃季节用氯吡醇或磺胺二甲氧嘧啶预防，每周使用3～4天，停药2～3天，可有效预防本病发生。病鸡群用上述药物进行治疗，可收到满意疗效。

二十一、鸡组织滴虫病

鸡组织滴虫病是由火鸡组织滴虫感染禽引起的一种急性原虫病，以盲肠和肝脏出现坏死灶为特征，故本病又称为盲肠肝炎。

● **诊断要点**

➢ **临床特征** 下痢，粪便呈灰黄色或绿色的糊状，有恶臭味，严重者可排出血便。冠及肉髯呈蓝紫色，故有黑头病之称。成年鸡多为隐性感染。

➢ **病理特征** 一侧或两侧盲肠高度膨胀增粗，肠腔内充满干酪样物质，黏膜出血、坏死或溃疡。肝脏表面散布有多少不等、大小不一之圆形或不规则坏死灶，呈淡黄色或灰绿色。坏死灶周边隆起，中央凹陷，具有诊断意义。

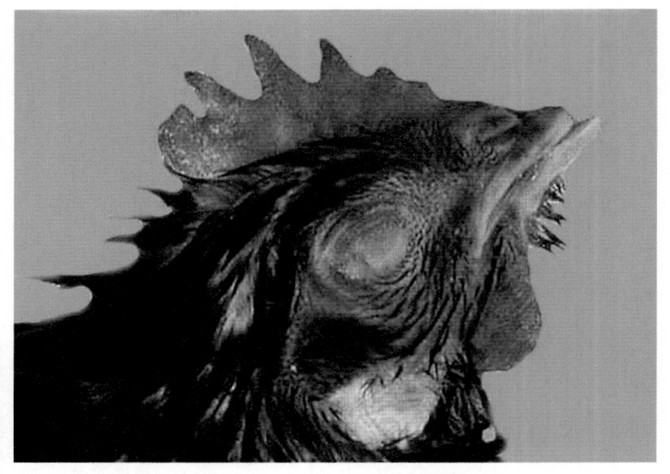
冠及肉髯呈蓝紫色，故有黑头病之称 （岳 华）

肝脏的坏死灶，呈淡黄色或灰绿色。坏死灶周边隆起，中央凹陷 （岳 华）

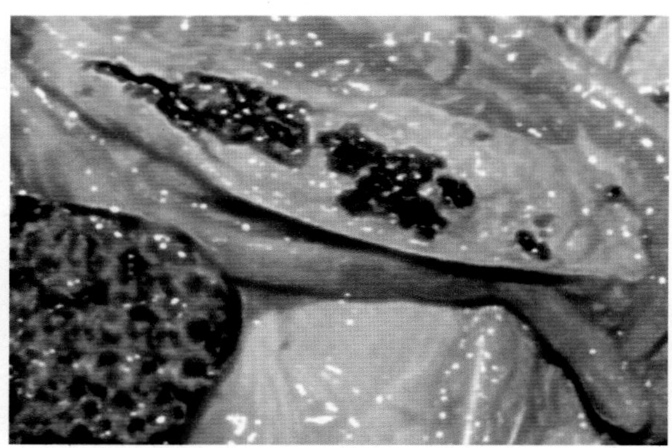
盲肠壁增厚，内有血性栓子 （岳 华）

● **防治措施** 搞好环境卫生，定期驱除鸡体寄生虫，加强饲养管理，减少本病发生的诱因，可有效防止本病发生。病鸡可用甲硝哒唑等药物治疗。

二十二、维生素A缺乏症

由于维生素A及胡萝卜素缺乏所致的皮肤、黏膜上皮角化，生长发育受阻并以干眼病和夜盲症为特征的疾病称为维生素A缺乏症。

● **诊断要点**

➢ **临床特征**　单侧或双侧眼睑肿胀黏合，拨开眼睑见眼眶内蓄积白色干酪样物质，角膜混浊。

➢ **病理特征**　口腔、咽部和食管黏膜上出现许多灰黄或灰白色脓疱样小结节，可见食道和腺胃黏膜上皮角化。

肾脏肿大色淡，表面呈灰白色网状花纹；心脏、肝脏、脾脏以及体腔浆膜表面也见尿酸盐沉着，呈典型的内脏型痛风变化。

➢ **鉴别诊断**　注意与白喉型鸡痘、传染性喉气管炎、传染性鼻炎等传染病以及由多种原因引起的内脏型痛风进行鉴别诊断。

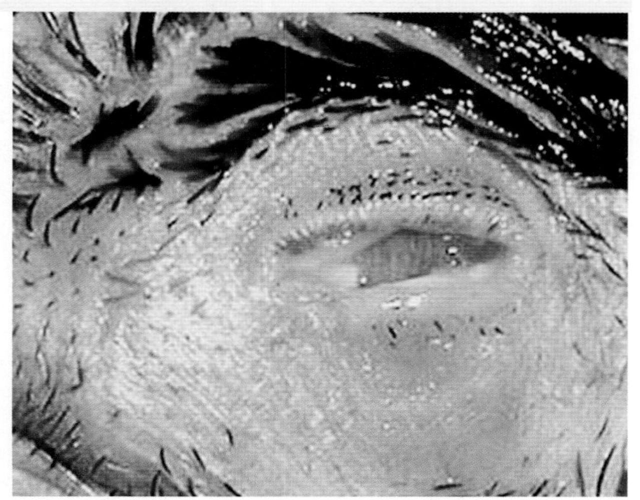

眼睑肿胀黏合，拨开眼睑见眼眶内蓄积白色干酪样物质　（岳　华）

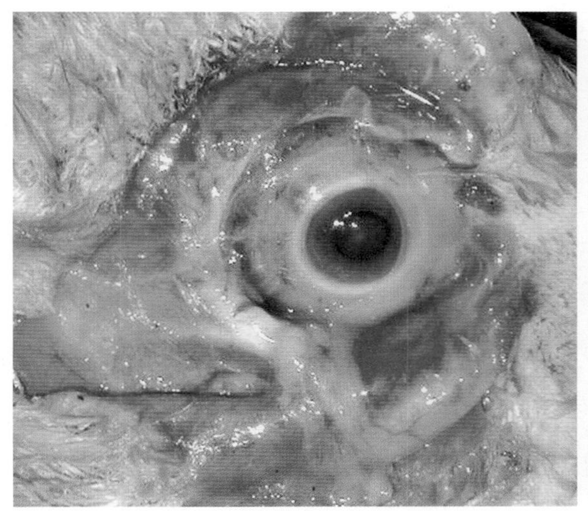

眼角膜浑浊　（岳　华）

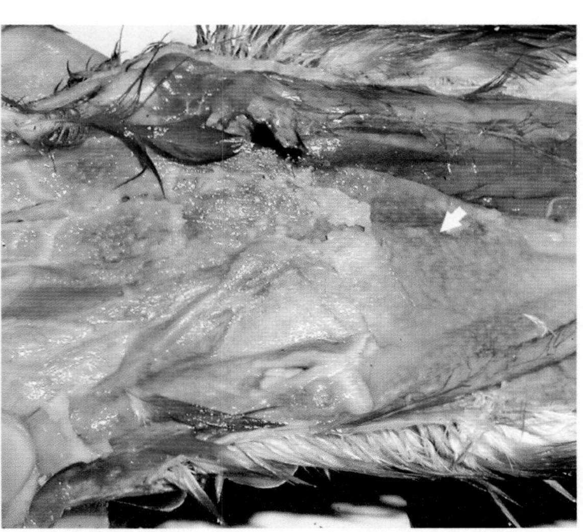

食道黏膜上皮增生、角化，有白色脓疱，口腔内有脓性分泌物　（岳　华）

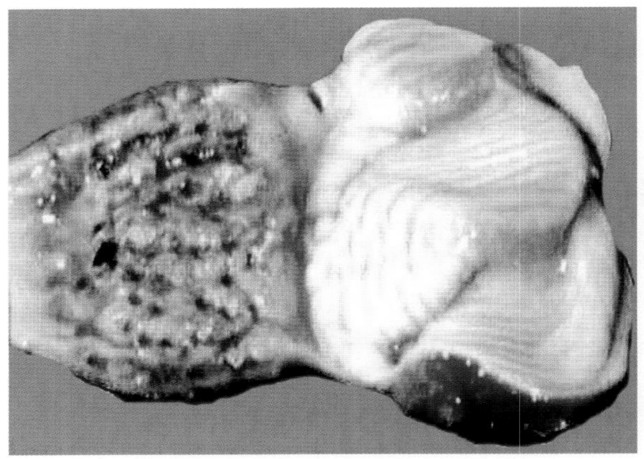

腺胃黏膜上皮角化

（岳 华）

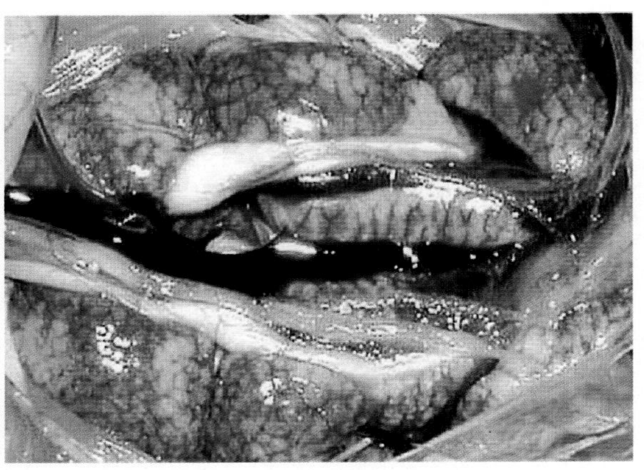

肾脏肿大，尿酸盐沉积呈花斑样外观

（岳 华）

● **防治措施** 根据蛋鸡不同的生长阶段和产蛋情况供给充足的维生素A；注意饲料的贮存保管，避免发酵酸败、发热、氧化，防止胡萝卜素和维生素A被破坏。

发病后应在早期及时治疗，在日粮中添加充足的维生素A（每千克饲料2 000 ~ 20 000国际单位）或用鱼肝油拌料（0.2%），连用10 ~ 15天。但对于眼球严重损害和明显运动失调的重病例治疗效果不明显。

二十三、维生素B_1缺乏症

维生素B_1缺乏症是由维生素B_1缺乏引起的以多发性神经炎为主要特征的营养代谢性疾病。

● **诊断要点** 临诊表现以病鸡蹲于屈曲的腿上，头颈向上后方呈“观星”姿势为特征。

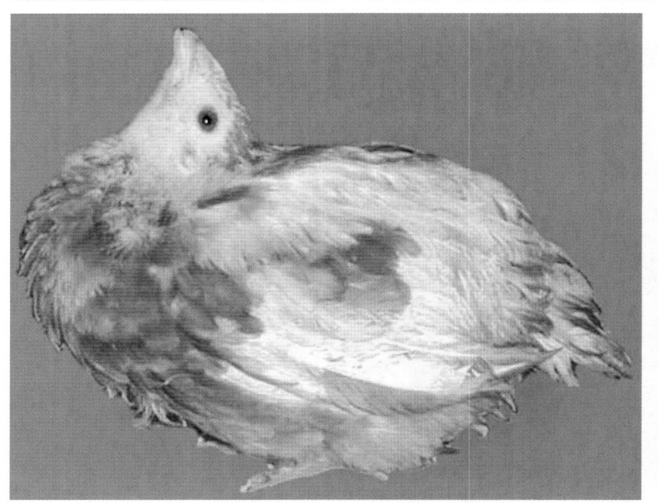

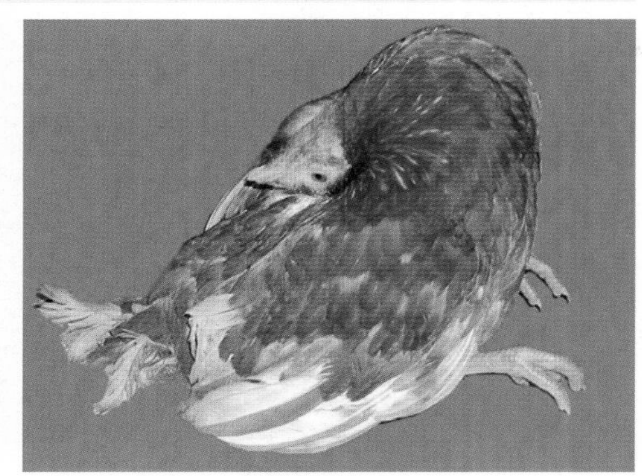

病鸡蹲于屈曲的腿上，头颈向上后方以“观星”姿势为特征

（岳 华）

● **防治措施**　保证饲料中维生素B_1的含量，供给新鲜的全价饲料，或饲料中添加复合维生素B；避免饲喂未经煮熟的鲜活水产品；当鸡群出现消化道疾病时，及时排除病因，并添加B族维生素。

二十四、维生素B_2缺乏症

维生素B_2缺乏症是由维生素B_2缺乏引起的一种营养代谢性疾病。

● **诊断要点**

➢ **临床特征**　病鸡生长缓慢，瘫痪，两侧脚趾向内蜷曲，以跗关节着地。

➢ **病理特征**　坐骨神经和臂神经两侧对称性肿大、增粗（为正常的2～5倍）。

➢ **鉴别诊断**　诊断时注意与马立克氏病区别。

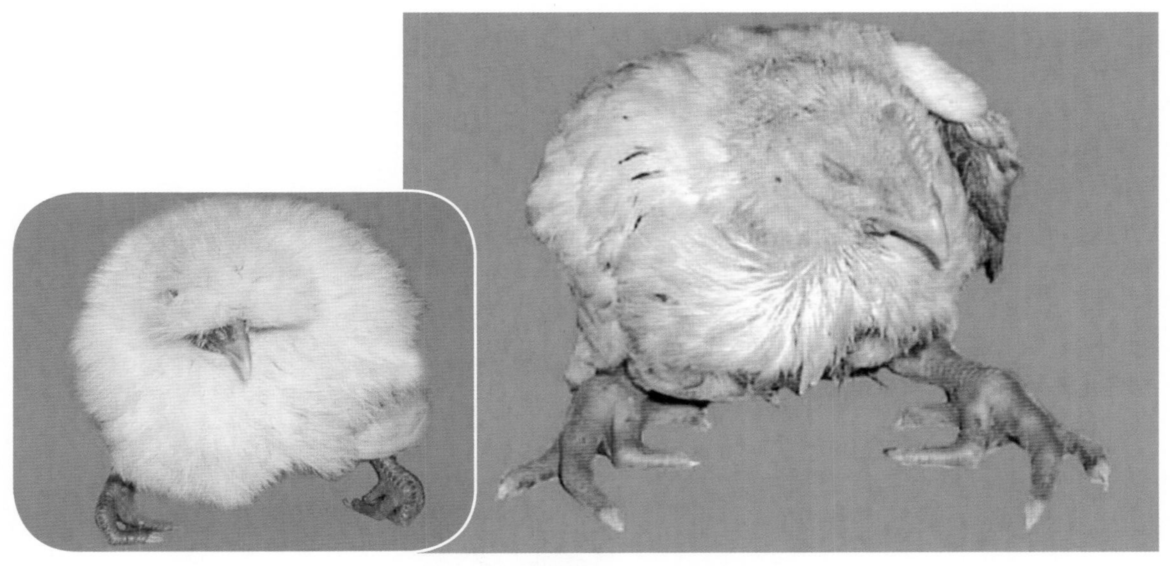

病鸡脚趾向内卷曲，跗关节着地　（岳　华）

● **防治措施**　饲喂全价日粮。在发病初期，补充适量的维生素B_2，有一定的治疗作用，但对屈趾病变已久的不可逆损伤，则难以治愈。

二十五、叶酸缺乏症

雏鸡叶酸缺乏症的特征表现是生长缓慢、贫血和骨短粗症以及颈部麻痹，表现为头颈向前伸直下垂，喙触地。

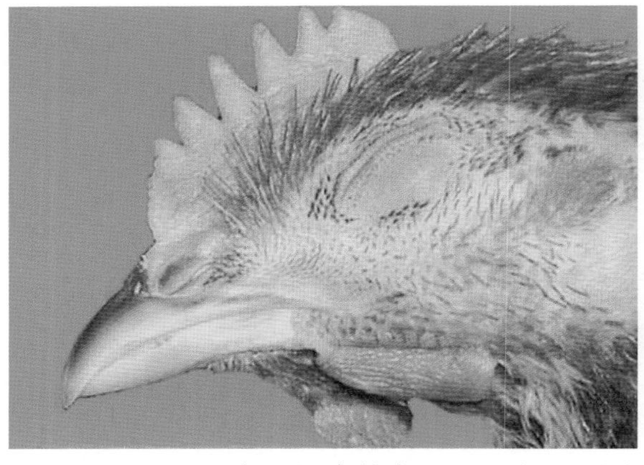
鸡冠色淡苍白 （岳 华）

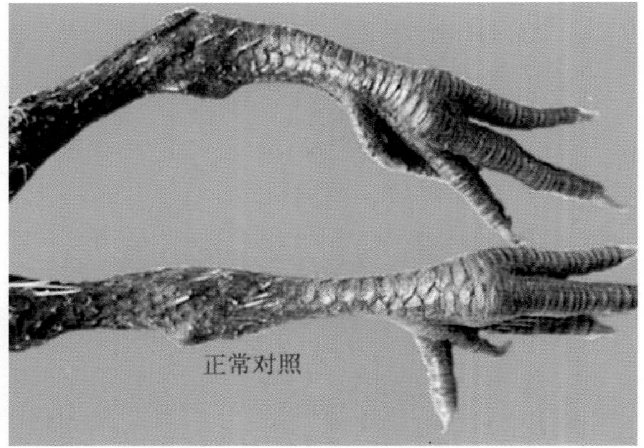

跖骨增粗变短（下为正常对照）
（岳 华）

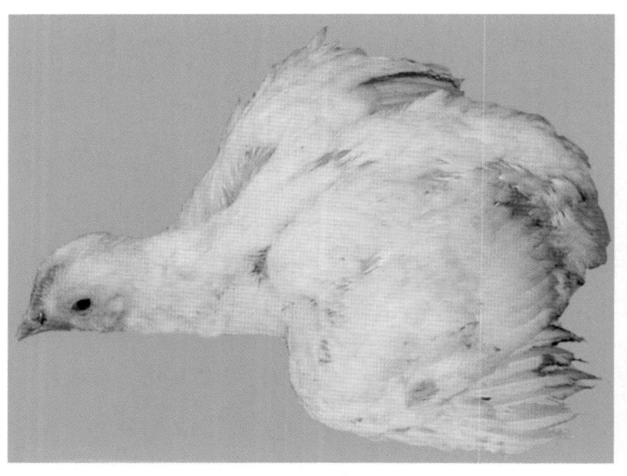
头颈前伸 （岳 华）

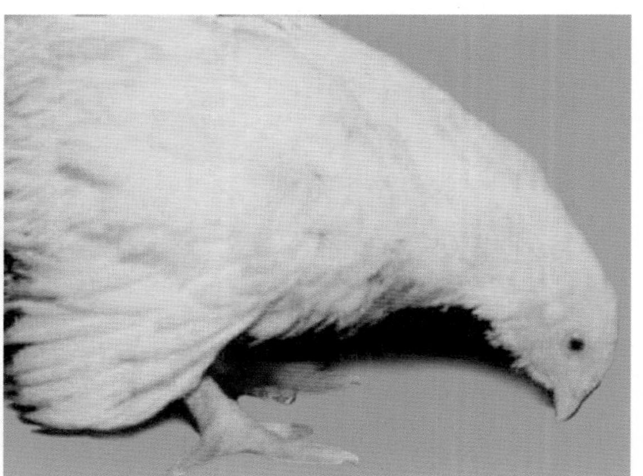
头颈前伸，喙触地
（岳 华）

二十六、维生素 E—硒缺乏症

维生素 E—硒缺乏症是由维生素 E—硒缺乏而引起的以肌营养不良为特征的营养代谢性疾病。

● **诊断要点**

➢ **渗出性素质** 胸腹部皮下蓄积多量黄色、淡绿色或蓝绿色胶冻样水肿液。

➢ **胰腺萎缩与纤维化** 胰腺萎缩变细，严重者呈线状，具有证病性意义。

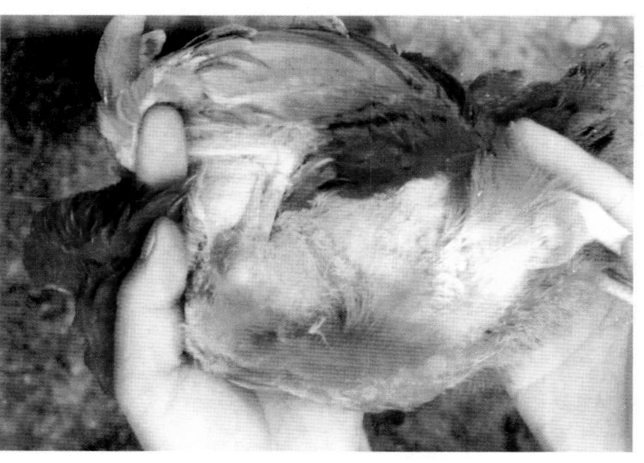
皮下蓝绿色水肿
（崔恒敏）

➢ **肌营养不良**　胸部和腿部肌肉浑浊、水肿、出血及出现灰白色条纹或斑点。

➢ **营养性脑软化**　见于鸡维生素E缺乏症，发生于小脑。小脑肿胀、质软，甚至软不成形；软脑膜充血，表面散在有出血点。

胰腺萎缩变细呈线状

（崔恒敏）

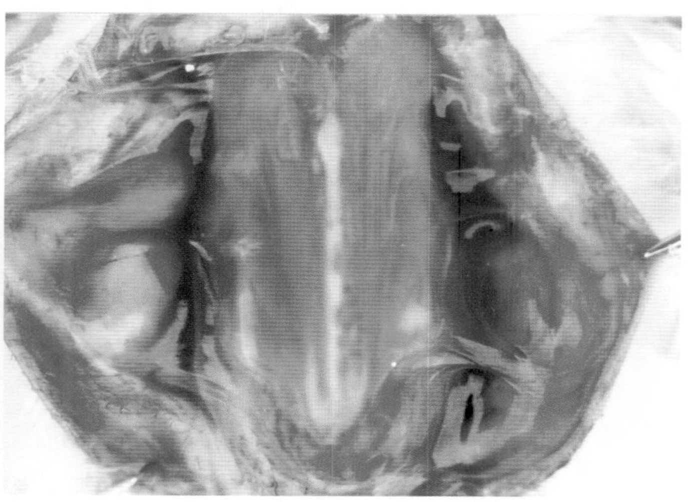

胸腹部皮下充血、出血，蓄积多量黄色、淡绿色或蓝绿色胶冻样水肿液，并常伴有腹壁水肿和充血、出血

（崔恒敏）

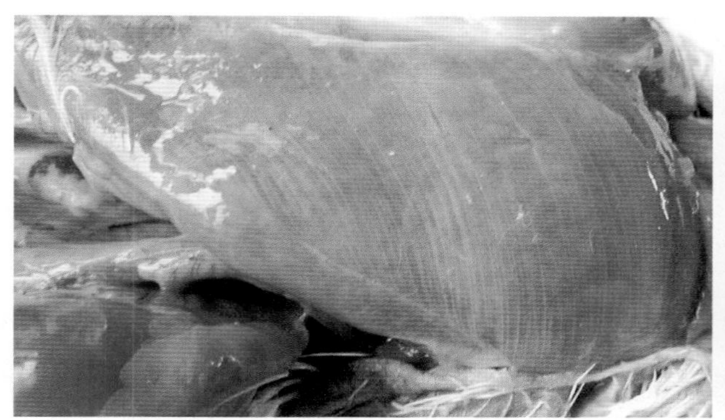

胸部肌肉出现灰白色条纹

（岳　华）

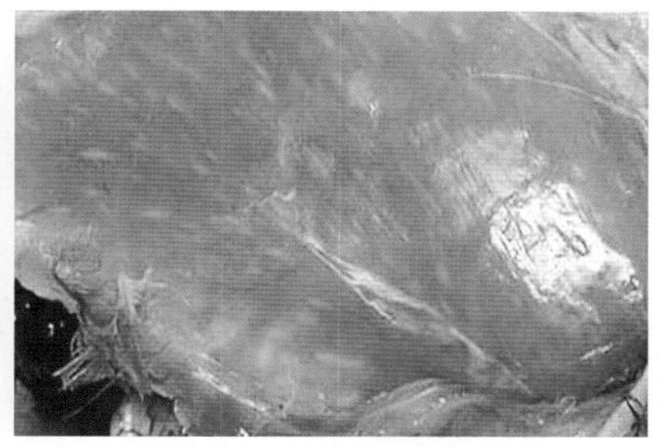

胸部肌肉出现灰白色斑点

（岳　华）

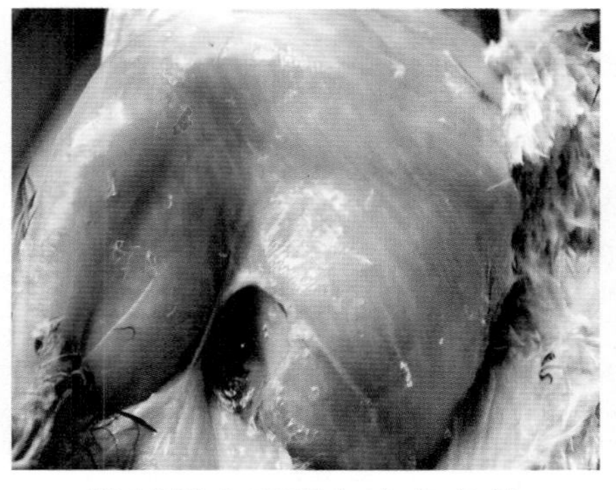

腿部肌肉出现灰白色条纹

（岳　华）

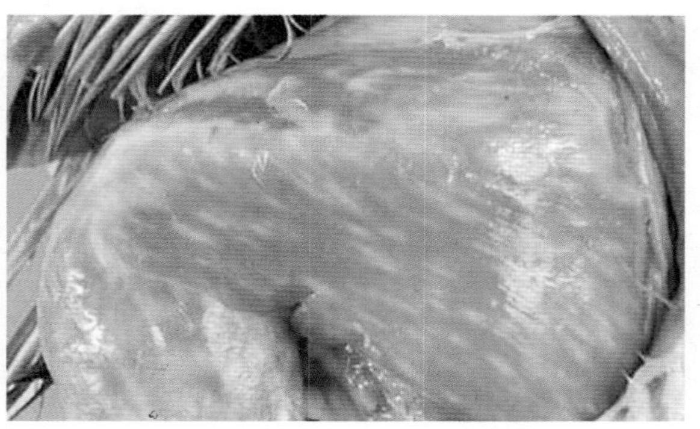

腿部肌肉出现灰白色斑点

（岳　华）

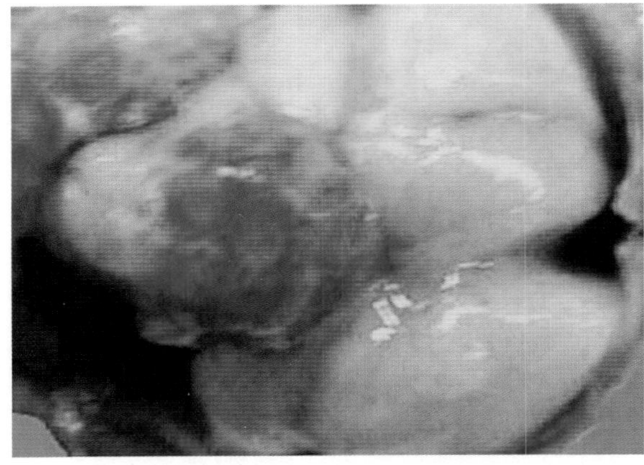
病鸡脑软化症：小脑出血，水肿，纹理模糊不清 （岳 华）

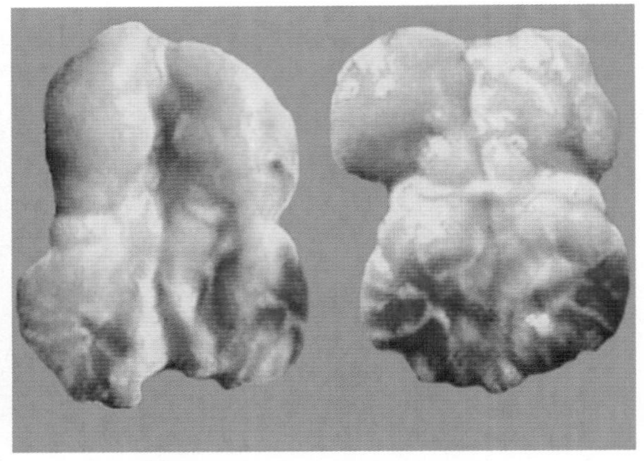
病鸡小脑切面出血、液化，质地变软及黄绿色浑浊坏死灶 （岳 华）

● **防治措施** 保证饲料中添加足够的维生素E、硒和含硫氨基酸，避免饲料贮存时间过长。发生本病时，使用维生素E、硒制剂拌料喂饲病鸡群，用5～7天，同时在饲料中增加适量的含硫氨基酸。对重病例可用0.1%亚硒钠注射液经肌内注射，0.1毫升/只，连用2～3天，同时饲喂维生素E、硒制剂。

二十七、锌缺乏症

锌缺乏症是由日粮锌缺乏所引起的以羽毛发育不良和骨短粗为特征的代谢性疾病。

● **诊断要点** 以羽毛发育不良和骨短粗为特征。

诊断时应注意与钙、磷缺乏，锰缺乏和慢性禽霍乱关节炎相区别，这3种疾病虽有骨骼异常变形，但其特征与锌缺乏明显不同。

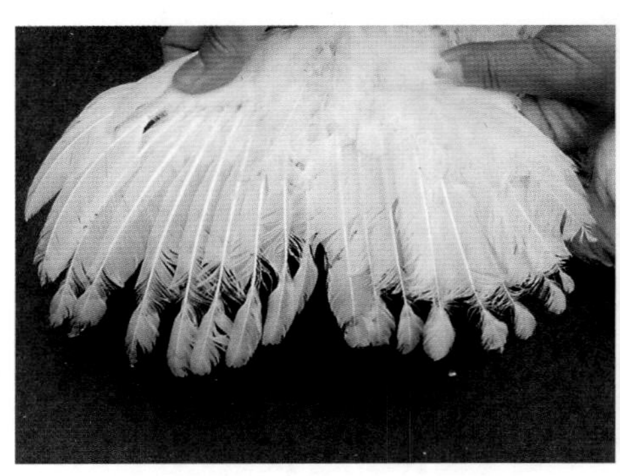
羽毛发育不良：羽枝脱落 （崔恒敏）

羽毛发育不良：羽毛竖立和卷曲 （崔恒敏）

● **防治措施**　针对发生原因，在蛋鸡不同生长时期和产蛋期给以全价配合日粮可有效预防锌缺乏症。

鸡群发生锌缺乏症后，在观察和诊断的基础上立即更换日粮或日粮中补添锌（氧化锌、硫酸锌、碳酸锌均是锌的有效来源），加强饲养管理，可达到治疗目的。

二十八、锰缺乏症

鸡锰缺乏症是由日粮锰缺乏所引起的以滑腱症为特征的营养代谢性疾病。

● **诊断要点**

➤ 临床特征　胫骨短粗或滑腱症。

➤ 鉴别诊断　应注意与钙、磷缺乏和锰缺乏相区别。

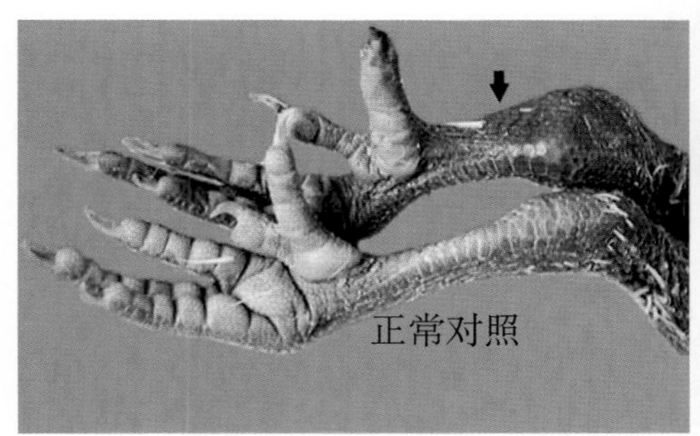

跗关节肿大、变形，跖骨变短变粗。下为正常对照　（岳　华）

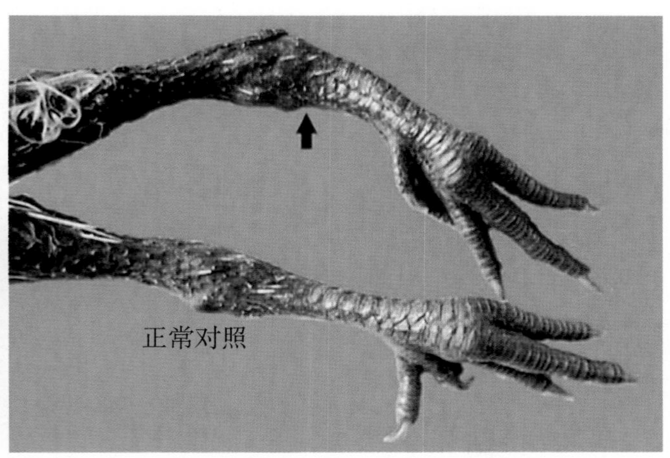

骨、关节弯曲变形，跖骨短粗。下为正常对照　（岳　华）

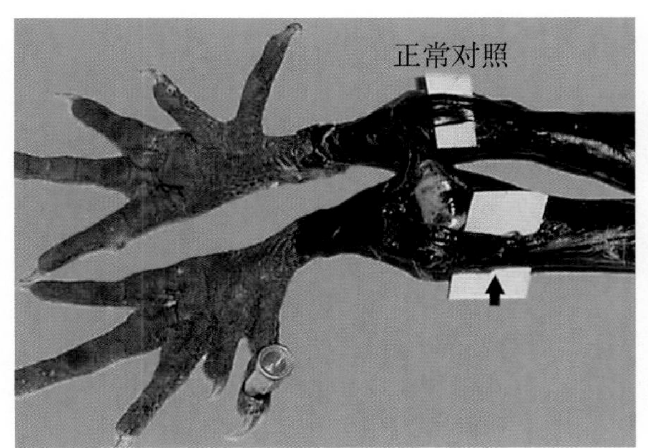

左侧腓肠肌腱向内侧滑脱（上为正常对照）　（岳　华）

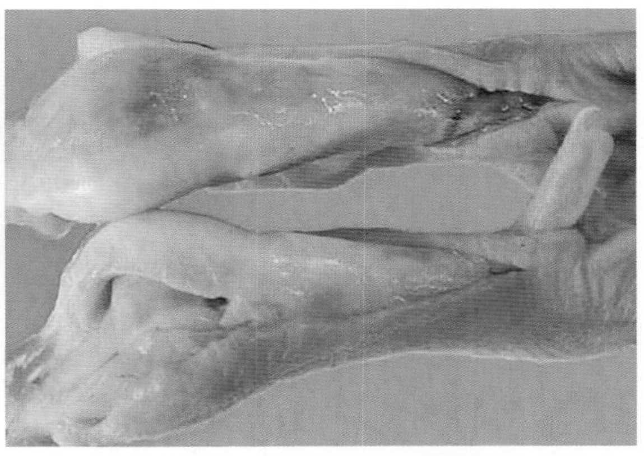

跗关节肿大，双侧腓肠肌腱滑向内侧　（岳　华）

● **防治措施** 鸡发生锰缺乏症后一旦出现滑腱症，病鸡残废，治疗毫无意义。因此，做好预防工作是防止本病的关键。每千克日粮锰含量100 ~ 160毫克，可有效预防锰缺乏症。

二十九、痛风

痛风是肾功能紊乱造成的高尿酸血症的一种临床症状，可分为内脏型痛风和关节型痛风。

● **诊断要点**

➢ **内脏型痛风** 内脏器官与组织表面覆盖一层白色干燥的石灰样尿酸盐沉积物；肾脏肿大、色淡，尿酸盐沉积，表面见雪花状花纹。

➢ **关节型痛风** 典型变化为关节肿大，切开后关节腔内、关节面以及周围组织见尿酸盐沉积而呈白垩颜色，或流出半固体的白色物质，严重者关节周围形成痛风石，受损部位主要是胫跗关节。

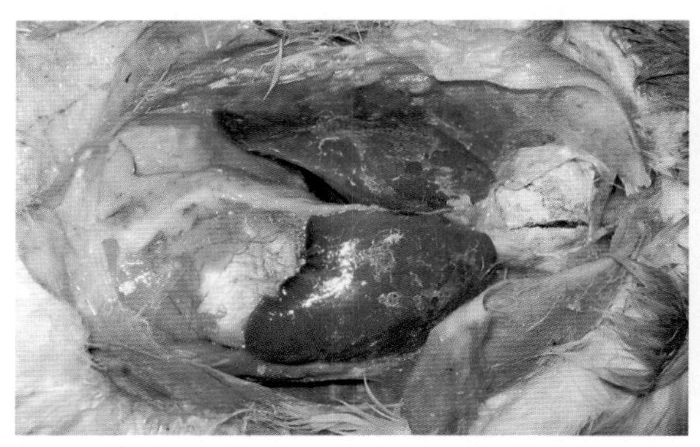

内脏型痛风：心外膜及肝脏表面尿酸盐沉积 （岳　华）

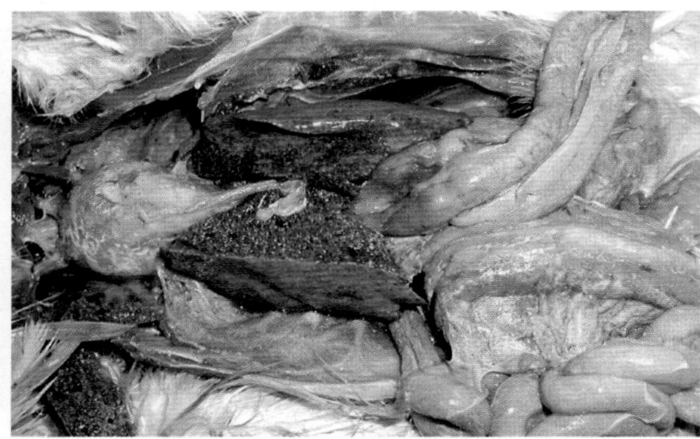

内脏型痛风：肝脏切面及内脏浆膜尿酸盐沉积 （岳　华）

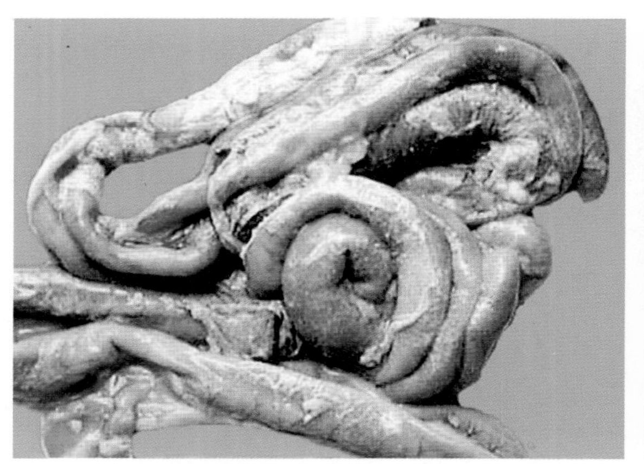

内脏型痛风：肠浆膜尿酸盐沉积 （岳　华）

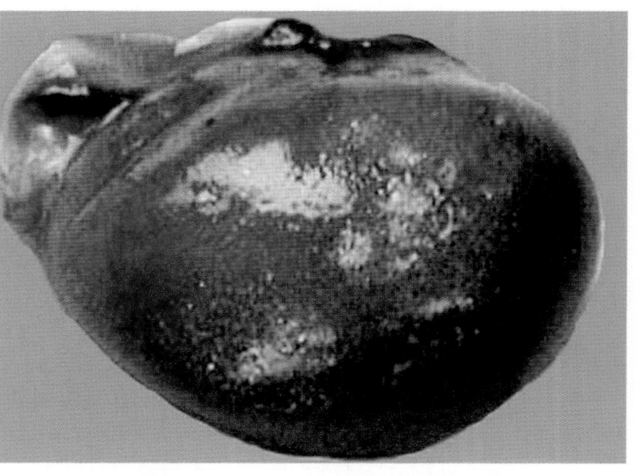

内脏型痛风：脾脏尿酸盐沉积 （岳　华）

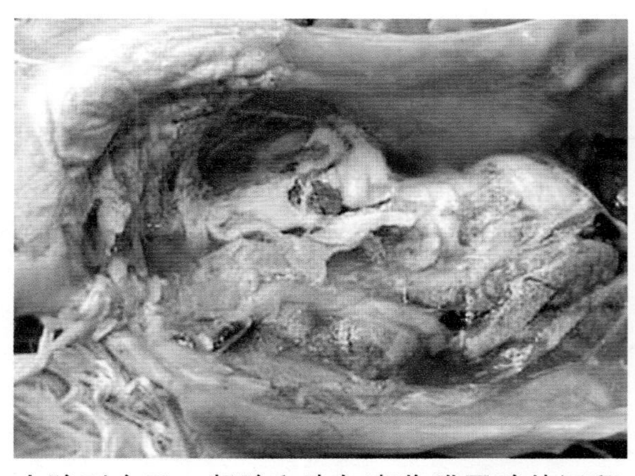

内脏型痛风：肾脏和胸气囊浆膜尿酸盐沉积
（岳　华）

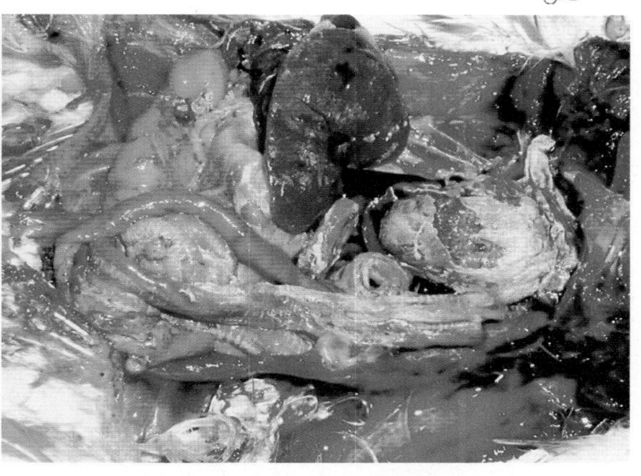

内脏型痛风：内脏浆膜尿酸盐沉积
（岳　华）

内脏型痛风：肾脏尿酸盐沉着肿大、色淡，表面呈花斑样外观　（崔恒敏）

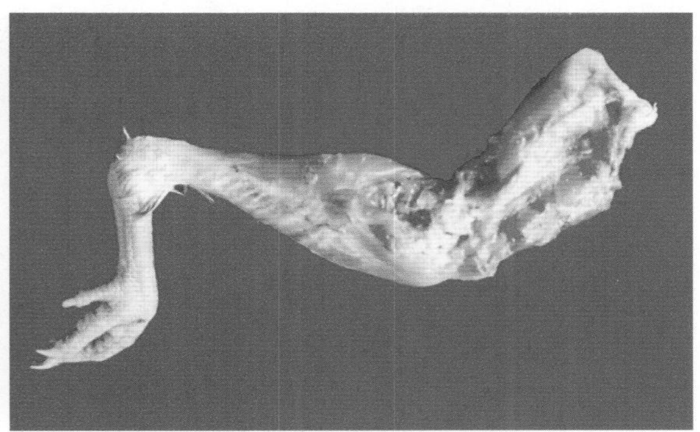

关节型痛风：关节腔内白色尿酸盐沉积
（崔恒敏）

● **防治措施**

➢ 保证饲料的质量，合理搭配各种营养成分。

➢ 加强饲养管理，保证充足的饮水，正确使用各种药物，不要长期或过量使用对肾脏有损害的药物，如磺胺类药物、乙二醇等。

➢ 防止饲料霉变，避免霉菌毒素的中毒，如赭曲霉素、卵孢霉素、黄曲霉毒素等。本病没有特效的治疗措施，应尽快弄清病因，及时消除。

三十、蛋鸡脂肪肝综合征

蛋鸡脂肪肝综合征是产蛋鸡的一种脂肪代谢障碍性疾病，以肝脏肿大、脂肪过度沉积为特征。

● **诊断要点**

➢ **临床特征**　病鸡鸡冠、肉髯色淡发白，产蛋量降低。

➢ **病理特征** 腹腔内充有大量脂肪。肝脏肿大色黄或呈土黄色油腻状，表面及切面可见大小不等的出血斑点和小血肿，或见肝脏破裂、出血，腹腔内出现大小不等的血凝块。

鸡冠色淡苍白
（岳 华）

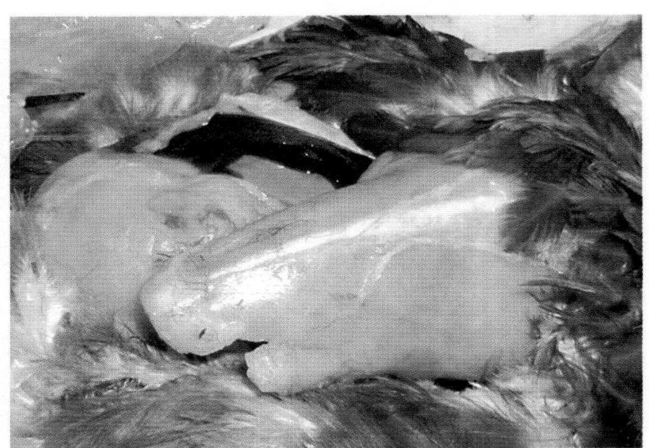
胸肌色淡苍白
（岳 华）

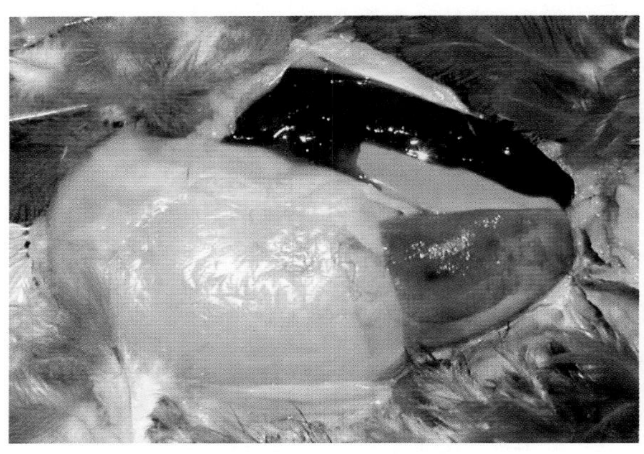
腹腔内的脂肪和血凝块
（岳 华）

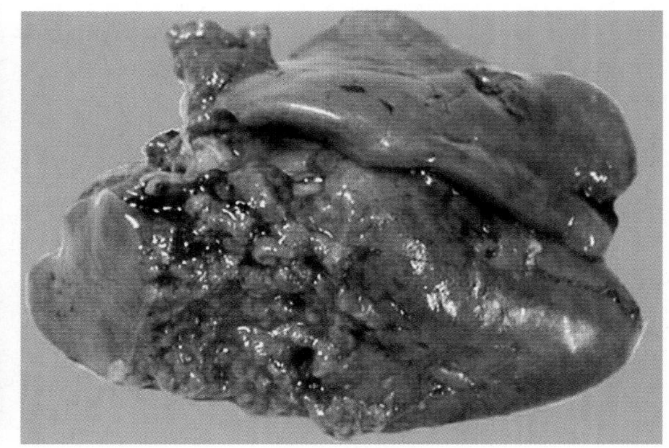
肝脏质脆如泥
（岳 华）

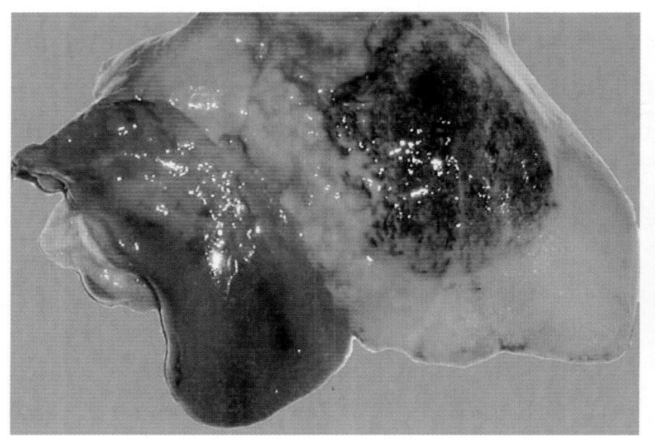
肝脏色黄、出血
（岳 华）

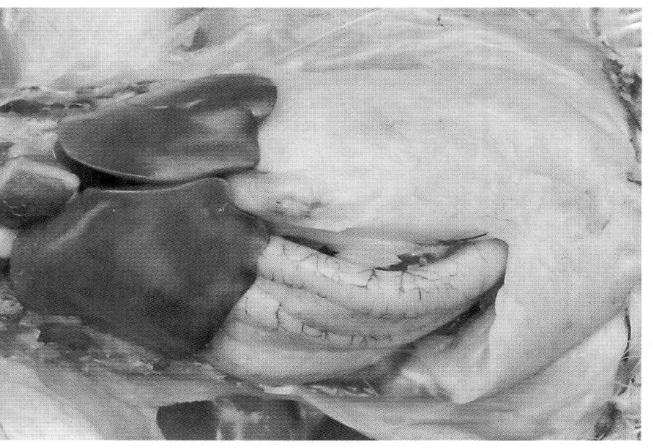
腹腔大量脂肪沉积并形成脂肪垫
（崔恒敏）

● **防治措施**

➢ 调整饲料的代谢能与蛋白质的比例，适当限饲。

➢ 发病后，每吨饲料添加氯化胆碱1 000克、维生素E 10 000国际单位、维生素B_{12} 12毫克和肌醇900克，连续饲喂2周。

三十一、初产蛋鸡猝死综合征

本病主要见于初产蛋鸡，产蛋率为20% ～ 30%时发病死亡率最高，产蛋率达60%以上时，死亡率逐渐降低。本病的病因尚不清楚，可能与饲料的组成有关。

肺脏充血、出血
（岳　华）

泄殖腔外翻，黏膜充血、出血甚至坏死
（岳　华）

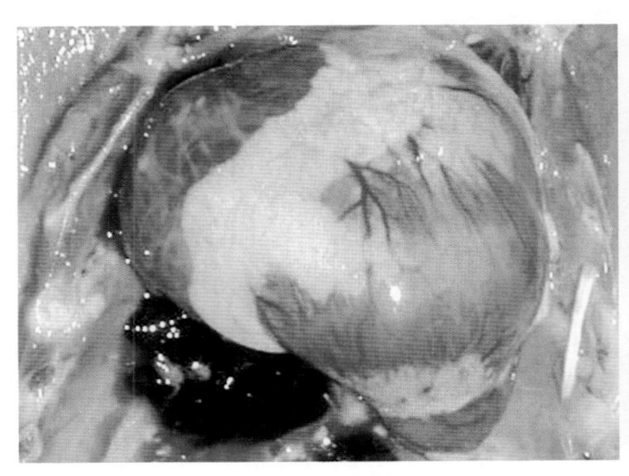

右心房显著扩张
（岳　华）

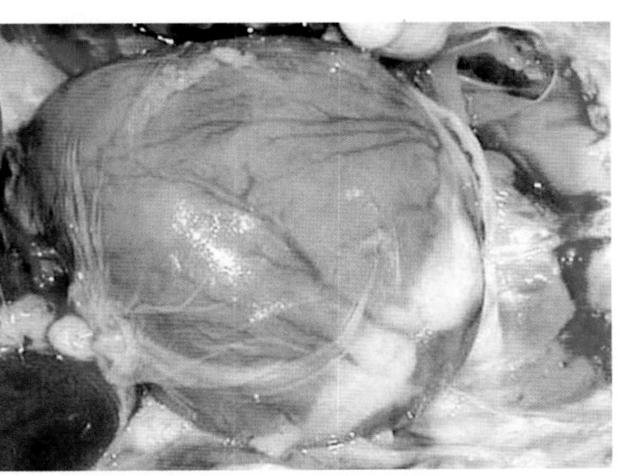

心脏极度扩张，为正常的数倍
（岳　华）

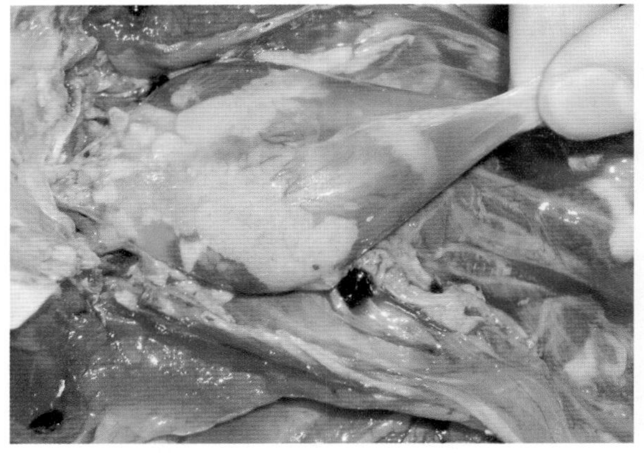

心包积液 （岳 华）

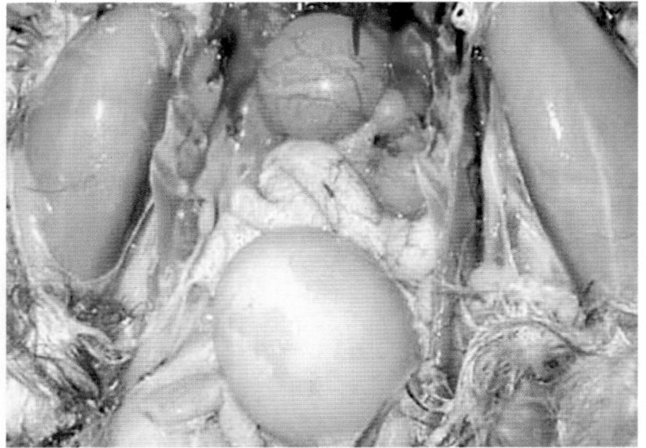

输卵管内有完整的蛋，腿部肌肉苍白 （岳 华）

三十二、笼养蛋鸡疲劳症

笼养蛋鸡疲劳症是现代蛋鸡生产中重要的一种骨骼疾病。以病鸡瘫痪、骨质疏松和骨骼断裂为特征，主要发生于高产蛋鸡群。

● 诊断要点

➢ 临床特征 病鸡通常两腿无力呈蹲卧状，产薄壳蛋、软壳蛋，喙软易弯而变形。

➢ 病理特征 剖检见龙骨弯曲变形，趾关节变形。骨折常见于腿骨、翅骨和椎骨，断端周围积有血凝块。胸骨弯曲，椎段肋骨与胸段肋骨结合处见有结节形成呈串珠样排列。

薄壳蛋、易碎 （岳 华）

腿软无力，常呈蹲式 （岳 华）

龙骨弯曲变形

（岳　华）

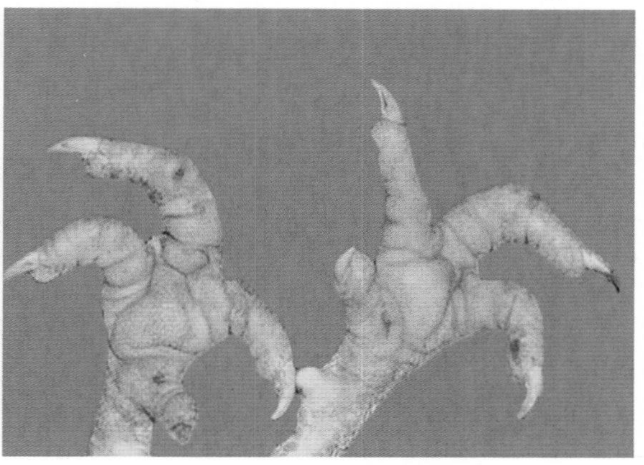

趾关节变形

（岳　华）

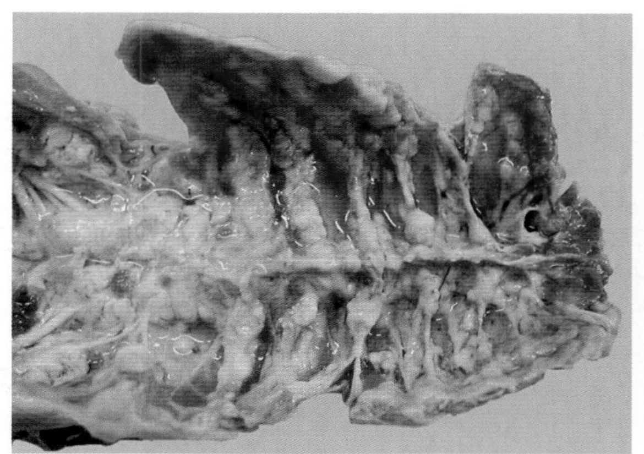

胸椎与肋骨交接处膨大呈串珠状

（岳　华）

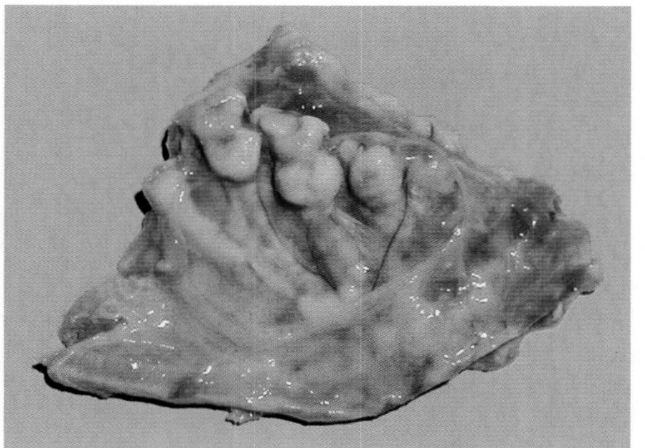

肋骨和胸骨交界处膨大呈串珠状

（岳　华）

● **防治措施**

➢ 发病后，及时分析饲料中的钙、磷含量，调整钙、磷比例。将病鸡从笼内移至地面，接受日光照射并给予辅助运动，同时注射维丁胶性钙注射液。对于多处骨折或没有治疗价值的病鸡，应尽早淘汰。

➢ 供给全价饲料，钙、磷比例为5 ： 1，并保证足够的维生素D。

三十三、异食癖

异食癖是由于代谢机能紊乱和营养物质缺乏引起的一种非常复杂的味觉异常综合征，临床诊断上以舔食、啃咬异物为特征，故得此名。

● **诊断要点**　在蛋鸡，异食癖主要表现为啄肛癖、啄卵癖、啄羽癖、啄趾癖和啄头癖。

啄肛癖：啄食肛门或肛门以下几厘米的腹部。肛门被啄出血　（岳　华）

啄羽癖：翅部羽毛被啄，皮肤受损出血　（岳　华）

● 防治措施

➢ 鸡群发生异食癖后，应尽快查明发生原因并使其消除。被啄鸡及时隔离、单独饲养。

➢ 本病以预防为主，及时断喙。

➢ 加强饲养管理，供给全价饲料，保持适宜的饲养密度和光照强度。

三十四、食盐中毒

食盐中毒以脑组织的水肿、变性乃至坏死和消化道的炎症为其病理基础，以典型的神经症状和消化紊乱为其临床诊断特征。

● 诊断要点

➢ 临床特征　渴感强烈、狂饮不止。

➢ 病理特征　病变主要见于消化道、实质器官、大小脑以及浆膜腔。

胸腹部皮下血管扩张呈树枝状　（崔恒敏）

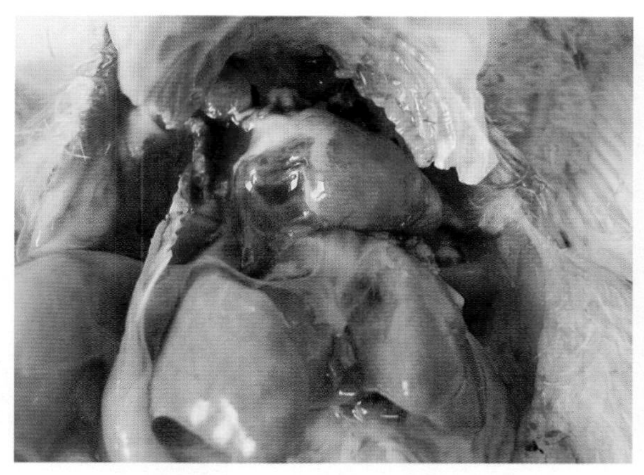

肝脏质地变硬，体积缩小色变淡
（崔恒敏）

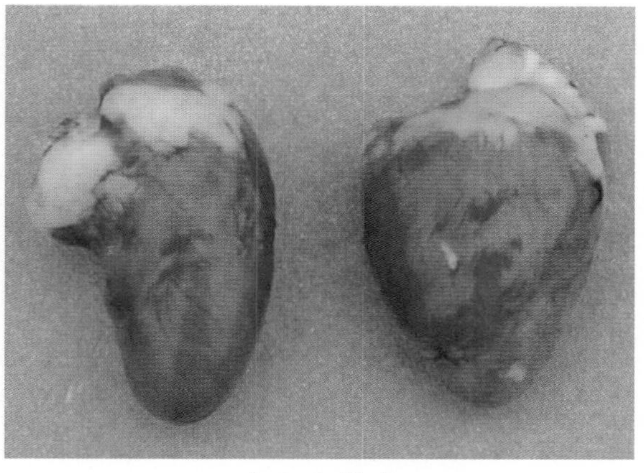

右心室扩张
（崔恒敏）

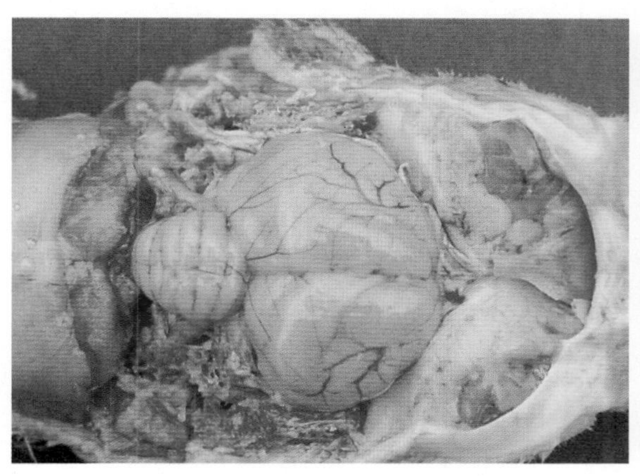

脑膜血管扩张充血
（崔恒敏）

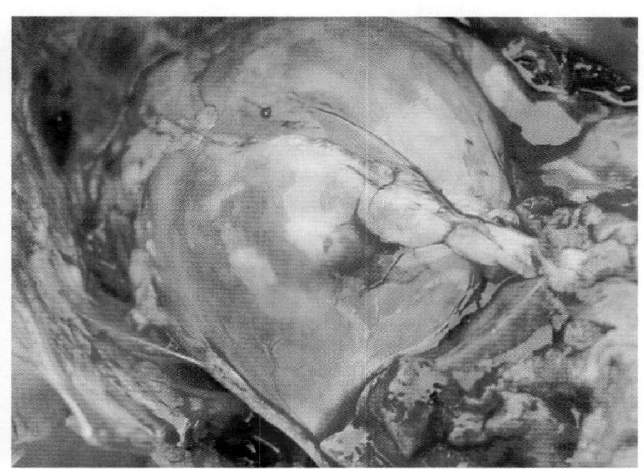

心包积液，积液为淡黄色清亮液体或金黄色胶冻样液体，心包膜增厚并与胸壁粘连
（崔恒敏）

● **防治措施**　严格控制饲料中食盐的含量，添加的食盐粒径要细，在饲料中搅拌均匀。发现食盐中毒应立即停止饲喂含盐饲料。轻度中毒，供给充足的饮水或5%葡萄糖水，症状可逐渐好转；严重中毒鸡群要适当控制饮水量，过量饮水会促加重脑组织水肿，加重病情，导致死亡增加，可每隔1小时让其自由饮用5%葡萄糖水10 ～ 20分钟。

三十五、黄曲霉毒素中毒

黄曲霉毒素中毒是由黄曲霉菌产生的耐热的黄曲霉毒素（B_1、B_2）引起的一种中毒性疾病。

● **诊断要点**　肝脏肿大、色黄、出血；卵巢发育不良或萎缩、变形。慢性中毒时肝脏黄染硬化，表面见有出血点和白色点状或结节性病灶，病程长者可转化为肝癌，切面可见癌变病灶。

诊断时，应注意与蛋鸡脂肪肝综合征相区别。本病确诊需作实验室诊断，取病死鸭肝脏和饲料作黄曲霉毒素含量的测定。

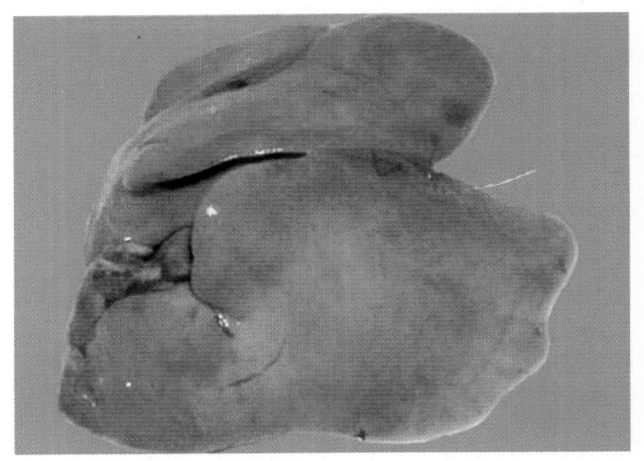

肝脏肿大、色黄

（岳　华）

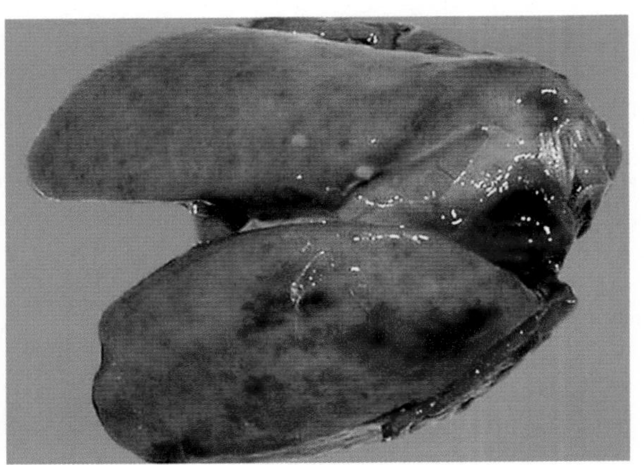

肝脏质地变硬，见有出血斑点

（岳　华）

● **防治措施**　黄曲霉毒素中毒时，及时更换饲料，轻度病例可以得到恢复。对于重度病例，为尽快排出胃肠道内的毒素，可投给盐类泻剂，并静脉注射5%葡萄糖溶液，同时配合维生素C制剂进行治疗。预防黄曲霉素中毒的根本措施是避免饲喂发霉饲料。

第六节　蛋鸡场废弃物处理

一、鸡粪的处理

目前，鸡粪的处理方法包括以下3种：

● **堆肥法**　堆肥过程中产热可杀灭病原菌、虫卵和蛆蛹。堆肥处理后可加工为优质有机肥料或其他动物的粗饲料。传统堆肥法的加工流程如右图所示。

过磷酸钙（20千克／吨）
湿度50%

塑料布不密封覆盖
夏、秋早晚揭膜通风

鸡粪+垫草（谷壳，锯末）可加发酵剂

翻倒3遍后，堆成高1米、宽2米的料堆，堆顶打孔

10天后翻堆
20天即熟透

堆肥法处理鸡粪便流程图

● **干燥处理**　干燥处理鸡粪，不仅可减少鸡粪中的水分，还有除臭和灭菌的功效。干燥后的鸡粪可作为燃料，也可下一步加工成颗粒肥料，或作为畜禽的饲料。

常用的干燥处理方法

● **沼气发酵**　产生的甲烷可用做燃料或发电照明，沼渣也是一种无臭的良好肥料。

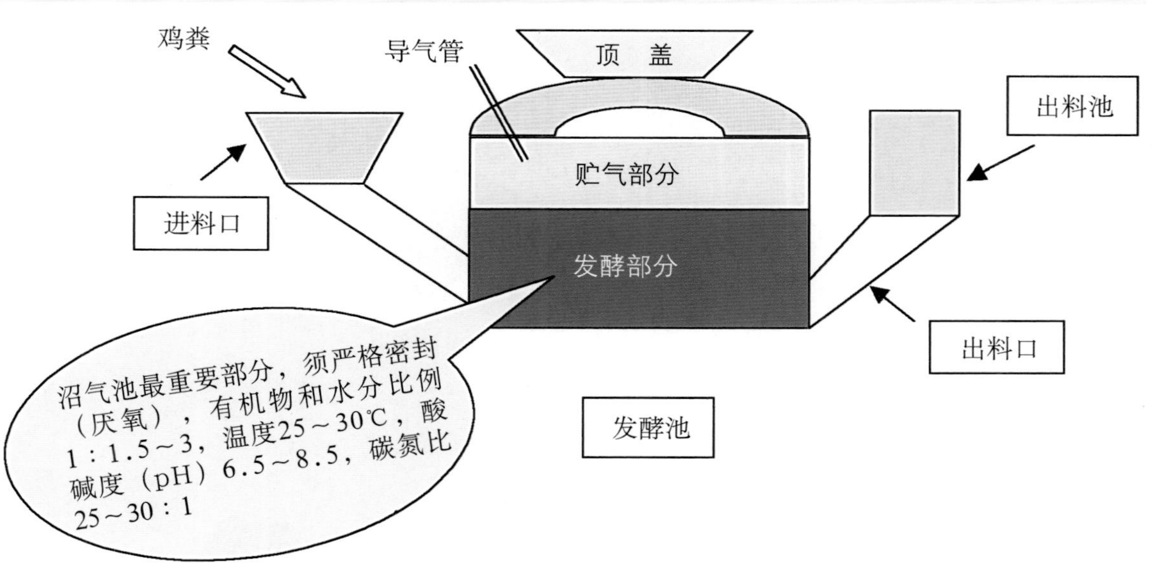

沼气池简易流程图

二、污水的处理

粪污水和冲洗鸡舍的废水应经过处理后排放。鸡场污水处理的基本方法有直接还田法和工业处理法。

● **直接还田法**　鸡场污水还田作肥料为传统而经济有效的处置方法。适用于有足够农田消纳粪便污水的地区。

● **工业化处理模式** 适用于规模较大的养殖场。

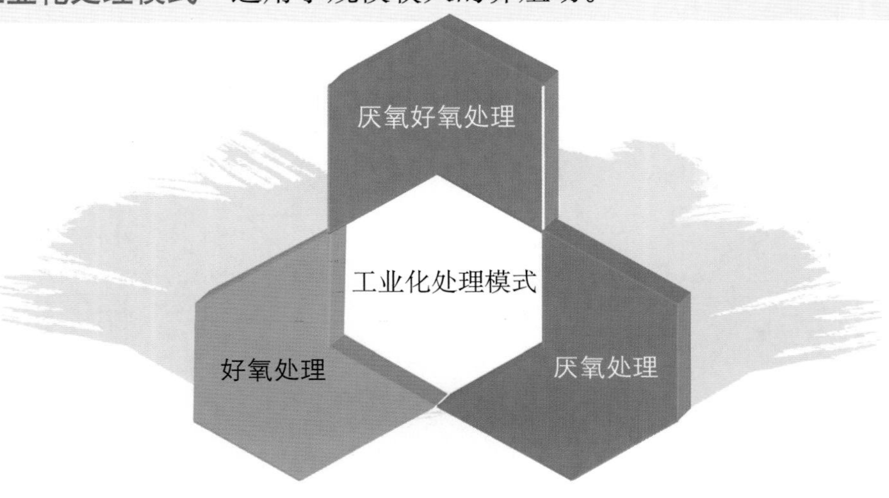

三、病死鸡的处理

日常管理工作中应及时将病死鸡拣出，放到指定地点，不能随便乱扔或在鸡场就地解剖。

● **深埋法**　选择远离住宅区、牧场和水源，地势高干燥，能避开洪水冲刷的地点进行挖坑深埋法处理。用于深埋的坑要求深1.2 ~ 1.5米，同时在尸体入坑前后各撒一层生石灰。

● **坑池处理**　在鸡场的下风向距生产区较远处，挖一深坑，一般2万只鸡的鸡场挖3 ~ 4米^{3}的深坑即够用，坑上加盖封好，留40厘米^{2}的小口，以备投入死鸡用，注意防止雨雪渗入。此法虽简单但地下水位高的地区慎用，以防地下水被污染。

● **焚化法**　市售的许多焚尸炉可以无烟、无臭地处理尸体，方便适用。在养殖业集中的地区，可联合兴建病死畜禽焚化处理厂，同时在不同的服务区域内设置若干冷库，集中存放病死畜禽，由密闭的运输车辆负责运送到焚化厂，集中处理。

焚尸炉

● **高温煮沸法**　将尸体置于水中煮沸。

● **饲料化处理**　通过蒸煮干燥机对传染病致死的鸡只进行高温、高压彻底灭菌处理，然后干燥、粉碎，可获得优质的肉骨粉。

7 第七章 蛋鸡场的管理

第一节 蛋鸡场的生产管理

一、蛋鸡场的计划管理

对蛋鸡场的鸡群周转、产蛋、饲料供给进行计划管理，可以有效地分配有限的资源，从总体上把握蛋鸡场的生产情况和投入产出。以下罗列了蛋鸡场各部分计划类管理样表。

雏鸡育成鸡周转计划表

月份	0～42日龄					43～132日龄				
	期初只数	转入日期数量	转出日期数量	成活率	平均饲养只数	期初只数	转入日期数量	转出日期数量	成活率	平均饲养只数
合计										

产蛋鸡周转计划表（133～500日龄）

月份	期初数	转入		死亡数	淘汰数	存活率	总饲养只日数	平均饲养只数
		日期	数量					
合计								

雏鸡育成鸡饲料计划

周龄	饲养只日数	饲料总量（千克）	各种料量（千克）						添加剂
			玉米	豆粕	鱼粉	麸皮	骨粉	石粉	
合计									

产蛋鸡饲料计划

月份	饲养只日数	饲料总量（千克）	各种料量（千克）						添加剂
			玉米	豆粕	鱼粉	麸皮	骨粉	石粉	
合计									

（尹华东）

二、蛋鸡场的指标管理

● **育雏存活率**　指育雏期（0 ~ 6周龄）末成活的雏鸡数占入舍雏鸡数的百分比，育雏成活率应在95%以上。

● **育成鸡成活率**　指育成期（7 ~ 20周龄）末成活的育成鸡数占育雏期末雏鸡数的百分比，育成鸡存活率应在95%以上。

● **开产日龄**　是母鸡性成熟的日龄，即从雏鸡出壳到成年产蛋时的日数。计算开产日龄有两种方法：①做个体记录的鸡群，以每只鸡产第一个蛋的日龄的平均数作为群体的开产日龄。②大群饲养的鸡，从雏鸡出壳到全群鸡日产蛋率达50%时的日龄代表鸡群的开产日龄。

● **母鸡的产蛋量**　指母鸡在统计期（72周龄或更长）内的产蛋数。

● **产蛋率**　指母鸡在统计期内的产蛋百分比，有饲养日产蛋率和入舍鸡产蛋率两种计算方法。

● **平均蛋重**　代表母鸡蛋重大小的指标，以克为单位表示，通常用43周龄的平均蛋重代表全期的蛋重。个体记录的鸡群，在43周龄时连称3个以上的蛋重求平均值；大群记录时，连续称3天的总蛋重求平均值。鸡群数量很大时，可按日产蛋量的5%称测蛋重，求3天的平均值。

● **总蛋重**　即每只母鸡产蛋的总重量，以千克表示。计算公式为：总蛋重（千克）= [产蛋量 × 平均蛋重(克)] /1 000。

● **产蛋期存活率**　指入舍母鸡数减去死亡和淘汰后的存活数占入舍鸡数的百分比。高水平的鸡群产蛋期存活率在90%以上。

● **产蛋期死亡淘汰率**　指产蛋期死亡和被淘汰的总鸡数占入舍母鸡数的百分比。

● **产蛋期料蛋比**　指母鸡在产蛋期内所消耗的饲料量与产蛋总量之比，即每千克蛋所消耗的饲料量，也叫饲料转化比。选择料蛋比低的鸡种是提高经济效益的重要途径之一。理想的料蛋比为2.0 ~ 2.2 ：1。

● **种蛋合格率**　指种母鸡在规定的产蛋期内所产的符合本品种或品系要求的种蛋占产蛋总数的百分比。种蛋必须符合孵化的要求，即蛋重在50 ~ 70克，剔除畸形的、薄壳的、沙皮和钢皮的、蛋形过长或过圆的蛋。

● **受精率**　指受精蛋占入孵蛋的百分比。实践中通过孵化的头照（白壳蛋5天以上，褐壳蛋7天以上）来判断种蛋是否受精，种蛋受精率应在90%以上。

● **种蛋孵化率**　有受精蛋孵化率和入孵蛋孵化率两种计算方法。受精蛋孵化率：出雏数占受精蛋数的百分比。种蛋孵化率反映种蛋的质量和孵化技术水平。入孵蛋孵化率反映出种鸡、饲养、种蛋保存和孵化技术等综合水平。

● **健雏率** 指健康的雏鸡占出雏数的百分比。健雏指适时清盘时绒毛蓬松光亮；脐部愈合良好、没有血迹；腹部大小适中、蛋黄吸收好；精神活泼，叫声响亮，反应灵敏；手握时有饱满和温暖感，有挣扎力；无畸形的雏鸡。

三、蛋鸡场的信息化管理

档案管理是蛋鸡场信息化管理的前提和首要任务，它可以适时、准确地反应鸡群状况。

完整保存近3年的生产记录：包括增重、耗料、产蛋率、死淘记录。具备完整的免疫、用药、消毒、饲料及添加剂使用记录。

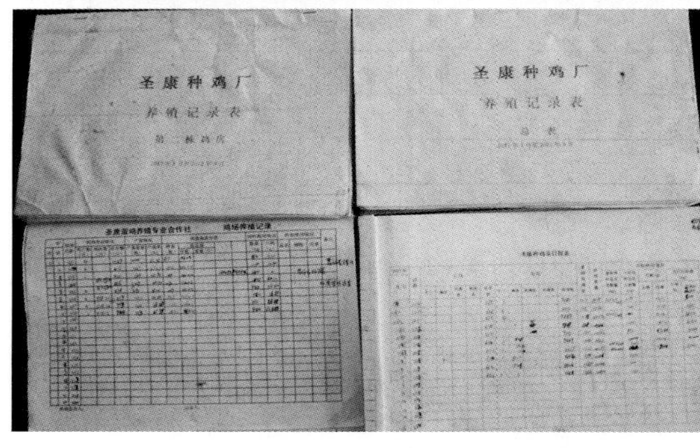

生产记录表 （朱 庆）

档案保存 （朱 庆）

电子档案既方便管理，又方便追溯，可以随时随地查看鸡群的生产情况，进行数据分析，为下步工作制定计划。

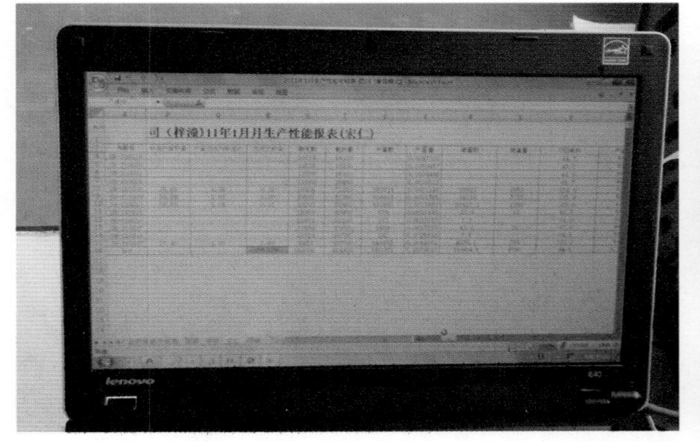

电子档案

（朱　庆）

第二节　蛋鸡场的技术管理

蛋鸡场的生产管理是通过制定各种规章、制度和方案作为生产过程中的管理的纲领或依据，使生产能够达到预定的指标和水平。

一、制定技术操作规程

技术操作规程是鸡场生产中按照科学原理制订的技术规范，不同饲养阶段的鸡群，按照生产周期制定不同的操作规程。

饲养管理标准

（绵阳圣迪乐）

二、制定日常操作规程

将各类蛋鸡舍每天从早到晚按时划分进行的每项常规操作做出明文规定，使每天的饲养工作有规律地全部按时完成。

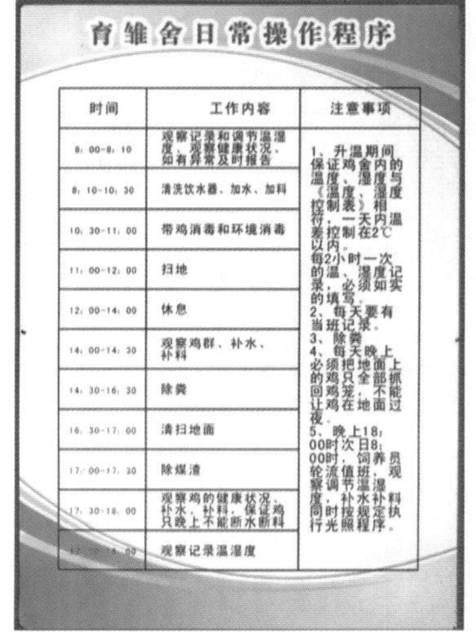

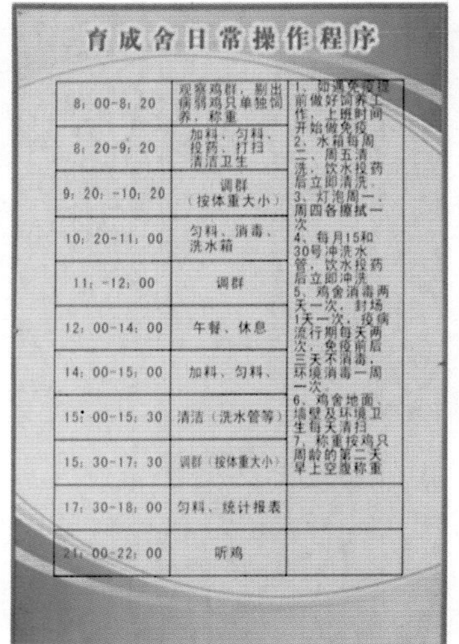

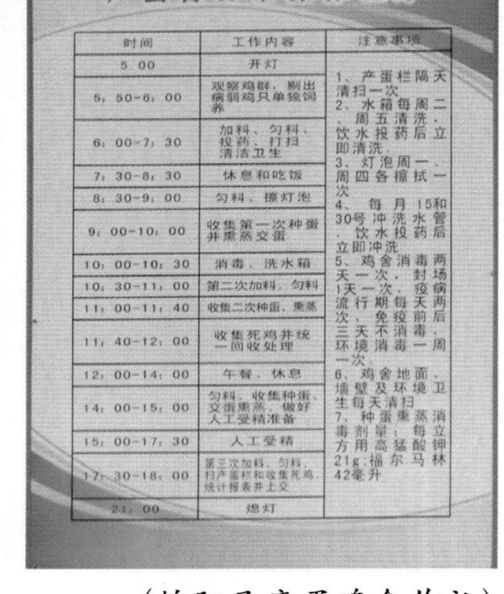

日常操作程序　　　　（绵阳圣康蛋鸡合作社）

三、制订综合防疫制度

为了保证蛋鸡健康和安全生产，场内必须制订严格的防疫措施，规定对场内、外人员和车辆、场内环境、装蛋的设备进行及时和定期的消毒，禽舍在空出后及时清洗、消毒，各类鸡群按时免疫、检疫等。

防疫、消毒制度　　　　（峨眉山全林鸡场）

四、制定合理的免疫程序

根据养殖自身情况，结合所养品种特点，制定科学的免疫程序，并严格执行。

全林农业科技有限公司蛋鸡推荐免疫程序

LSYER VACCINATION PROGRAM FOR WENJIANG CHITAI

AGE	VACCINE	疫苗	DESCRIPTION	ROUTE*¹	MANUFACTYRE*²
1Dys.	Marek	马立克	Cv1988	SC	FD,MR
	IB	传支	Ma5	Spray or IO	IV
	IB	传支	4/91	IO	IV
3Dys.	Coccidiosis	球虫	Coccivac-D	Spray on feed	SP
7Dys.	ND	新城疫	Clone 30	IO	IV
14Dys.	AI	禽流感	H5Re-4+Re-5	SC:0.25ml	哈兽研
18Dys.	IBD	法氏囊	D78	DW	IV
3Wks.	ND+IB	新城疫+传支	Clone30+Ma5	IO	IV
	ND+H9	新城疫+禽流感	Killed	SC:0.25ml	青岛易邦
	FP	禽痘		WW	MR
4Wks.	IBD	法氏囊	D78	DW	IV
5Wks.	AI	禽流感	H5Re-4+Re-5	IM:0.5ml	哈兽研
6Wks.	Coryza	鼻炎	A+B+C/A+C	IM	MR/KS
8Wks.	ND+IB	新城疫+传支	Clone30+Ma5	IO	IV
10Wks.	ND+H9	新城疫+禽流感	Killed	IM:0.5ml	青岛易邦
	ILT	传喉		IN	VL

AGE	VACCINE	疫苗	DESCRIPTION	ROUTE*¹	MANUFACTYRE*²
12Wks.	FP+AE	鸡痘+脑脊髓炎		WW	MR
	AI	禽流感	H5Re-4+Re-5	IM:0.5ml	哈兽研
14Wks.	AI	禽流感	H9	IM:0.5ml	
	ND+IB	新城疫+传支	Lasota+Mass/Conn	IO	MR
	ND+IB+EDS	新支减	Killed	IM:0.3ml	IV,MR
18Wks.	Coryza	传鼻	A+B+C/A+C	IM	MR/KS
19Wks.	AI	禽流感	H5Re-4+Re-5	IM:0.5ml	哈兽研
	ND+H9	新城疫+禽流感	Killed	SC:0.5ml	青岛易邦
28Wks.	ND+IB	新城疫+传支	Lasota+Mass/Conn.	IO	IV,MR
36Wks.	ND	新城疫	Lasota or Clone30	DW	IV,MR
	AI	禽流感	H5Re-4+Re-5	IM:0.5ml	哈兽研
40Wks.	ND+IB	新城疫+传支	Clone30+Ma5	DW	IV
44Wks.	ND+H9	新城疫+禽流感	Killed	IM:0.50ml	青岛易邦
52Wks.	ND	新城疫	Lasota or Clone30	DW	IV,MR
	ND+IB	新城疫+传支	Lasota+Mass/Conn	DW	IV,MR
60Wks.	ND	新城疫	Lasota or Clone30	DW	IV,MR

*¹ IO=Intraocular（点眼） IM=Intramuscular（肌注） SC=Subcutaneous（皮下）
DW=Drinking water（饮水） SP=Spray（喷雾） IN=Intranasal（滴鼻）
*² IV=Intervet（英特威） KS=Kitasato（北里） VL=Vineland（威兰）
SP=Schering-Plough（先灵葆雅） MR=Merial（梅里亚） FD=Fort Dodge（富道）

免疫程序

（峨眉山全林鸡场）

五、制定合理的光照程序

光照和鸡群体重直接影响生产情况，根据鸡群状况制定合理的光照程序，同时将鸡群控制在合理的体重可提高生产性能。

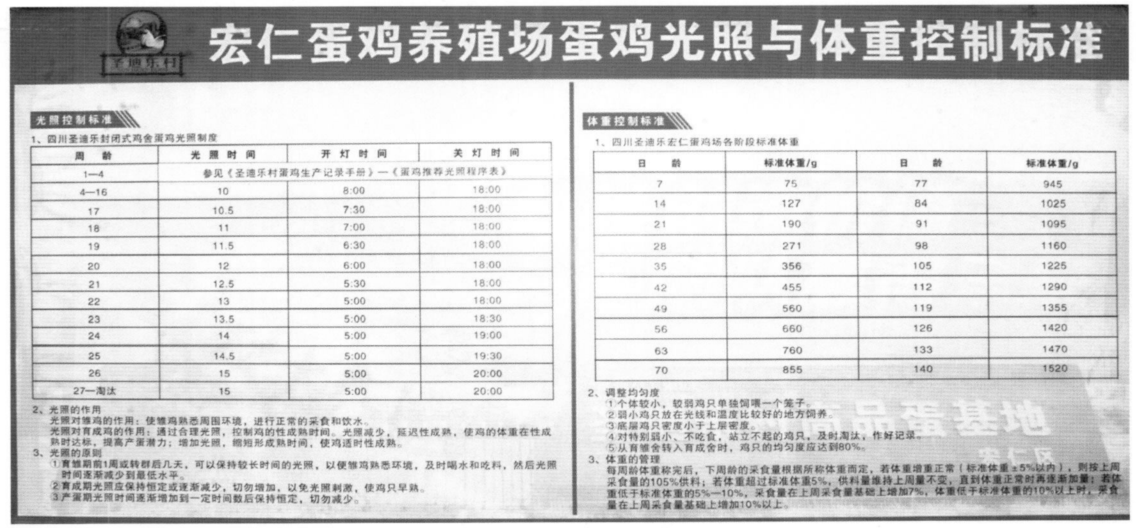

宏仁蛋鸡养殖场蛋鸡光照与体重控制标准

光照控制标准

1、四川圣迪乐封闭式鸡舍蛋鸡光照制度

周　龄	光照时间	开灯时间	关灯时间
1—4	参见《圣迪乐村蛋鸡生产记录手册》—《蛋鸡推荐光照程序表》		
4—16	10	8:00	18:00
17	10.5	7:30	18:00
18	11	7:00	18:00
19	11.5	6:30	18:00
20	12	6:00	18:00
21	12.5	5:30	18:00
22	13	5:00	18:00
23	13.5	5:00	18:30
24	14	5:00	19:00
25	14.5	5:00	19:30
26	15	5:00	20:00
27—淘汰	15	5:00	20:00

2、光照的作用

光照对雏鸡的作用：使雏鸡熟悉周围环境，进行正常的采食和饮水。

光照对育成鸡的作用：通过合理光照，控制鸡的性成熟时间。光照减少，延迟性成熟，使鸡的体重在性成熟时达标，提高产蛋潜力；增加光照，缩短形成熟时间，使鸡适时性成熟。

3、光照的原则

①育雏期前1周或转群后几天，可以保持较长时间的光照，以便雏鸡熟悉环境，及时喝水和吃料，然后光照时间逐渐减少到最低水平。

②育成期光照应保持恒定或逐渐减少，切勿增加，以免光照刺激，使鸡只早熟。

③产蛋期光照时间逐渐增加到一定时间数后保持恒定，切勿减少。

体重控制标准

1、四川圣迪乐宏仁蛋鸡场各阶段标准体重

日　龄	标准体重/g	日　龄	标准体重/g
7	75	77	945
14	127	84	1025
21	190	91	1095
28	271	98	1160
35	356	105	1225
42	455	112	1290
49	560	119	1355
56	660	126	1420
63	760	133	1470
70	855	140	1520

2、调整均匀度

①个体较小，较弱鸡只单独饲喂一个笼子。

②弱小鸡只放在光线和温度比较好的地方饲养。

③底层鸡只密度小于上层密度。

④对特别弱小、不吃食，站立不起的鸡只，及时淘汰，作好记录。

⑤从育雏舍转入育成舍时，鸡只的均匀度应达到80%。

3、体重的管理

每周龄体重称完后，下周龄的采食量根据所称体重而定，若体重增重正常（标准体重±5%以内），则按上周采食量的105%供料；若体重超过标准体重5%，供料量维持上周量不变，直到体重正常时再逐渐加量；若体重低于标准体重的5%—10%，采食量在上周采食量基础上增加7%，体重低于标准体重的10%以上时，采食量在上周采食量基础上增加10%以上。

光照与体重控制标准

（绵阳圣迪乐）

六、淘汰鸡的鉴别与选择标准

低产蛋鸡的饲养会增加饲养成本，应当及时将不合格的生产鸡挑选、淘汰。

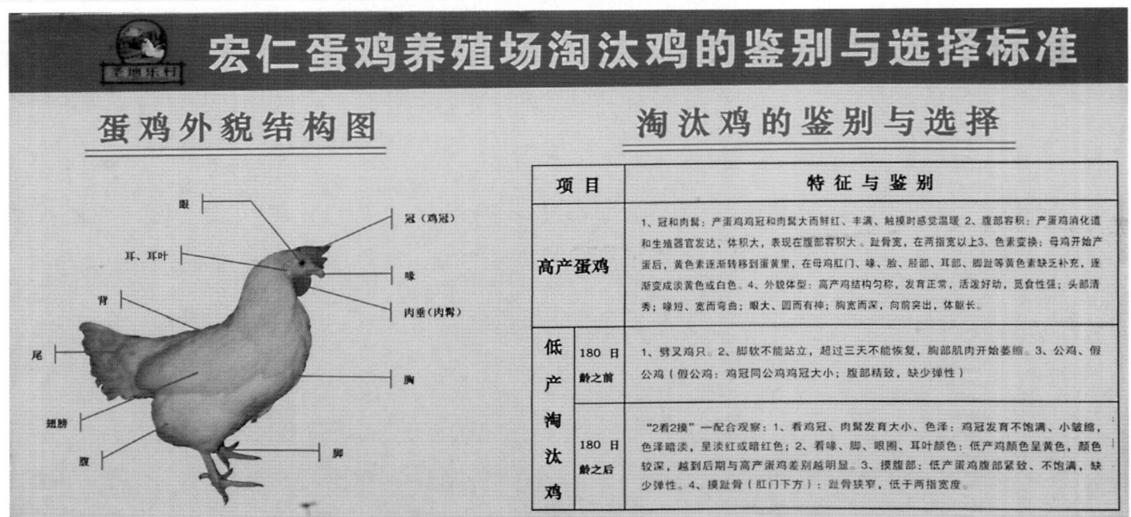

项目		特征与鉴别
高产蛋鸡		1、冠和肉髯：产蛋鸡鸡冠和肉髯大而鲜红、丰满、触摸时感觉温暖 2、腹部容积：产蛋鸡消化道和生殖器官发达，体积大，表现在腹部容积大。趾骨宽，在两指宽以上3、色素变换：母鸡开始产蛋后，黄色素逐渐转移到蛋黄里，在母鸡肛门、喙、脸、胫部、耳部、脚趾等黄色素缺乏补充，逐渐变成淡黄色或白色。4、外貌体型：高产鸡结构匀称，发育正常，活泼好动，觅食性强；头部清秀；喙短、宽而弯曲；眼大、圆而有神；胸宽而深，向前突出，体躯长。
低产淘汰鸡	180日龄之前	1、劈叉鸡只。2、脚软不能站立，超过三天不能恢复，胸部肌肉开始萎缩。3、公鸡、假公鸡（假公鸡：鸡冠同公鸡鸡冠大小；腹部精致，缺少弹性）
	180日龄之后	“2看2摸”一配合观察：1、看鸡冠、肉髯发育大小、色泽：鸡冠发育不饱满、小皱缩，色泽暗淡，呈淡红或暗红色；2、看喙、脚、眼圈、耳叶颜色：低产鸡颜色呈黄色，颜色较深，越到后期与高产蛋鸡差别越明显。3、摸腹部：低产蛋鸡腹部紧致、不饱满，缺少弹性。4、摸趾骨（肛门下方）：趾骨狭窄，低于两指宽度。

淘汰鸡的鉴别与选择标准（绵阳圣迪乐）

第三节　蛋鸡场的经营与管理

一、蛋鸡场的组织结构

蛋鸡场由场长、办公室、生产部、销售部、财务部以及后勤部组成。

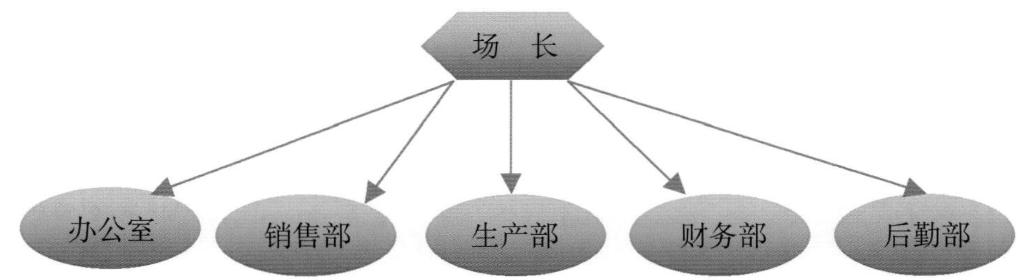

二、蛋鸡场的岗位职责

在蛋鸡场的生产管理中，要使每一项工作都有人去做，并按期做好，使每个职工各得其所，能够充分发挥主观能动性和聪明才智，需要建立联产计酬的岗位责任制。

● **场长**　负责鸡场全面工作，制定场内各项规章制度，定期检查技术执行情况，及时收集市场信息，修订和调整生产计划，协调场内各部门之间以及与场外相关部门的沟通工作。

● **技术员职责**　合理制定饲养方案、防疫计划、饲养管理规程、鸡群周转计划，认真填写和上报全场工作情况，学习和掌握疫病防治新技术和新方法，熟悉发生疫情时处理办法。

● **饲养员职责**　认真学习家禽基本理论知识和基本饲养技术，严格遵守和贯彻场内各项规章制度和饲养操作规程，观察鸡只情况，发现异常情况及时汇报。

● **其他岗位职责**　严格遵守各岗位的操作规章制度，认真完成本职工作。

分时间段公布鸡场的生产情况，将生产结果进行评比，对优秀员工给予一定的奖励，可有效地刺激工人的生产积极性。

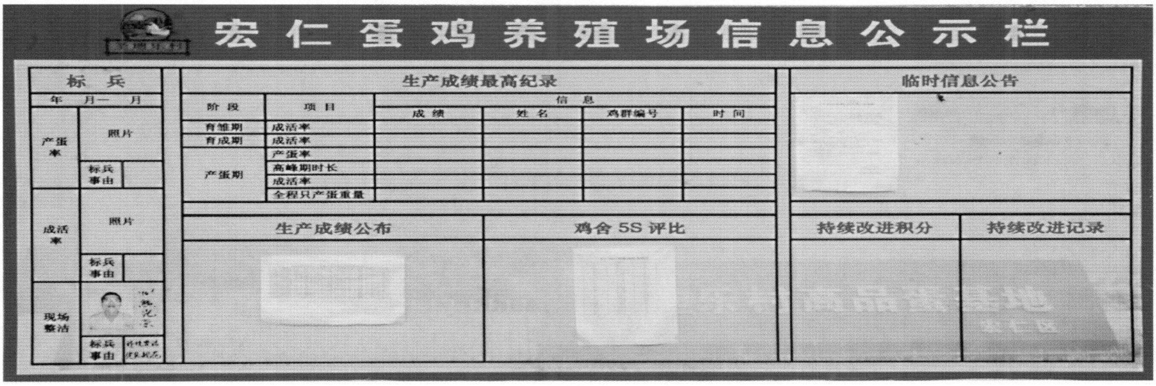

信息公示栏　（绵阳圣迪乐）

三、蛋鸡场的财务管理

蛋鸡场的所有经营活动都要通过财务工作反映出来。因此，财务工作是蛋鸡场经营成果的集中表现。搞好财务管理不仅要把账目记载清楚，更重要的是要深入生产实际，了解生产过程，通过不断的经济活动分析，找出生产中存在的问题，研究、提出解决的方法和途径，做好企业的经验参谋。

（一）成本核算

在蛋鸡场的财务管理中成本核算是财务活动的基础和核心。只有了解产品的成本才能算出蛋鸡场的盈亏和效益的高低。

- **成本核算的对象** 每个种蛋、每只初生雏、每只育成鸡、每千克蛋。
- **成本核算的方法**

➢ 每个种蛋的成本 $= \dfrac{\text{种蛋生产费用}-(\text{种鸡残值}+\text{非种蛋收入})}{\text{入舍母鸡出售种蛋数}}$

➢ 每只初生雏成本 $= \dfrac{\text{种蛋费}+\text{孵化生产费}-(\text{未受精蛋}+\text{公雏收入})}{\text{出售的初生蛋雏数}}$

➢ 每只育成鸡的成本＝雏鸡费＋育成生产费用＋死淘均摊损耗

➢ 每千克鸡蛋的成本 $= \dfrac{\text{蛋鸡生产费用}-\text{蛋鸡残值}}{\text{入舍母鸡总产蛋量}}$

总成本费用的大致构成：

育雏、育成期成本构成		鸡蛋成本构造	
项　目	占总成本比例	项　目	占总成本比例
雏鸡费	17.5%	后备鸡摊消费	16.8%
饲料费	65.0%	饲料费	70.1%
工资福利费	6.8%	工资福利费	2.1%
疫病防治费	2.5%	疫病防治费	1.2%
燃料、水、电费	2.0%	燃料、水、电费	1.3%
固定资产折旧费	3.0%	固定资产折旧费	2.8%
维修费	0.5%	维修费	0.4%
易耗品费	0.3%	易耗品费	0.4%
其他间接费用	0.9%	其他间接费用	1.2%
期间费用	1.5%	期间费用	3.7%
合计	100%	合　计	100%

（二）考核利润指标

- **产值利润及产值利润率** 产值利润是产品产值减去可变成本和固定成本后的余额；产值利润率是一定时期内总利润与产品产值之比。
- **销售利润及销售利润率**

➢ 销售利润＝销售收入－生产成本－销售费用－税金

➢ 销售利润率＝产品销售利润/产品销售收入 ×100%

- **营业利润及营业利润率**

➢ 营业利润=销售利润－推销费用－推销管理费
➢ 营业利润率=营业利润/产品销售收入×100%
● **经营利润及经营利润率**
➢ 经营利润=营业利润±营业外损益
➢ 经营利润率=经营利润/产品销售收入×100%
● **资金周转率（年）**
➢ 资金周转率（年）=年销售总额/年流动资金总额×100%
● **资金利润率**
➢ 资金利润率=资金周转率×销售利润率

第四节　标准化蛋鸡场建设可行性分析

一、项目单位基本情况

● **概况**

项目单位：××有限公司

公司性质：有限责任公司

● **财务状况（略）**

● **法人代表基本情况（略）**

二、项目建设方案

● **项目名称、建设性质及建设地点**

项目名称：12万羽蛋鸡健康养殖示范基地

建设性质：新建

建设地点：××

● **建设规模及产品（或经营）方案**

新建蛋鸡育雏、育成舍1栋，1 488米^2；蛋鸡舍3栋，5 089.5米^2；饲料加工车间1座，645米^2，公用辅助设施1 000米^2。

本项目建成投产后，企业形成年存栏商品蛋鸡12万羽的规模，年产高端精装绿色鸡蛋180万枚，盒装绿色鸡蛋60万千克，散装绿色鸡蛋24万千克。

● **技术、设备、建筑物（主体工程）**

➢ **主要技术及来源的可靠性、可得性**

本项目优质鸡蛋生产线采用××有限公司提供的生产成套设备；生产、管理技术由××提供技术支持，该项技术具有一定的先进性，而且可靠。

➢ 主要设备名称、数量

育雏鸡生产线（鸡笼、自动喂料、自动饮水、湿帘、通风系统）1套，成鸡生产线（鸡笼、自动喂料、自动饮水、自动清粪、光照控制、通风系统）3套，饲料加工设备1套等。

另外外购变配电设备（含自备发电机组)1套，运输车辆2台，沼气设备1套。

建设年限：项目建设期为9个月，2011年1月至2011年9月，10月投入生产。

三、投资结构及资金来源

本项目总投资1 129.48万元。其中，固定资产投资为949.48万元，铺底流动资金为180万元。

本项目总投资1 129.48万元。其中，企业自筹资金1 129.48万元。

四、项目效益

● 经济效益

年销售收入2 367.3万元；

年总成本2 039.07万元；

年利润总额328.23万元；

年所得税82.06万元；

净现金流量（税前）949.11万元，投资回收期（税前）4.5年，内含报酬率26.5%；

净现金流量（税后）548.17万元，投资回收期（税后）5.75年，内含报酬率20.20%。

● 社会效益

本项目实施后，可直接带动周边农户进行蛋鸡养殖，增加农民收入，促进产业发展。

● 生态效益

该项目为循环产业经济，实施无公害、无残留、规模化养殖，对副产品实施循环利用，减少废水、废渣等排放，提高企业运行效率，同时对健康养殖具有辐射及带动意义。

五、可行性研究报告编制依据

● 国家农业综合开发办公室《国家农业综合开发产业化经营项目可行性研究报告编写大纲》；

●《2009年国家农业综合开发产业化经营项目申报指南》；

● 中央、国务院下发的《关于促农业发展农民增收若干意见》；

● 财政部、税务局下发的《关于发布享受企业所得税优惠政策的农产品初加工范围（试行）的通知》；

● ××农业厅编制的《农业特色优势产业发展规划（2008—2012年）》、《2010年推进特色优势产业促进农业产业化发展的若干政策意见》；

● 国家现行的财会税收政策及有关技术标准及规范；

● 项目编制委托书及其他有关资料。

六、综合评价

该项目符合国家产业政策，符合国家农业综合开发政策产业化扶持范围。项目实施后可促进农牧民增收，促进地区经济发展。

项目建设地自然、资源、社会经济条件可满足项目建设的需要，交通、水电、通讯等基础设施完备，选址合理。工艺技术成熟，设备先进可靠，产品的卫生、理化指标达到或超过国内同类产品水平。

● **项目建设必要性**　××市××县是××省大型蛋鸡养殖、生产基地。随着产业结构调整的不断推进，养鸡已经由“换点油盐钱”的副业变成了农民发家致富的主业。但目前存在蛋鸡的养殖规模化、标准化程度低，产品市场竞争力弱，龙头企业带动作用不明显等问题。该项目的建设，将充分发挥龙头企业的带动作用，引进优质蛋鸡品种，促进××市畜禽养殖的产品结构优化，通过企业带动农户进行标准化、规模化、集约化养殖，提高产品质量，同时提高农民收益，推动社会主义新农村建设。

● **项目建设可行性**

➢ **技术可行性**　该项目由××大专院校或科研院所提供技术支持，专业的技术力量团队为项目的建设和公司发展奠定了坚实的基础。

➢ **经济可行性**　项目投资合理，资金来源有保障，项目有良好的盈利能力、抗风险能力，财务评价指标良好。

➢ **环境可行性**　该项目通过采取循环经济模式，基本实现无污染，对排放的废水、固废进行无害化处理，经过沼气池产生沼液直接输送到农田用于灌溉，并将鸡粪加工成肥料出售，实现了污染物达标排放，能维持当地区域环境质量，不对周围环境产生明显影响。

➢ **市场可行性**　从1985年以来，我国鸡蛋产量已连续25年位居世界首位，到2010年蛋类产量达到3 000万吨和4 200万吨，年均分别递增约1%，但是与之不相称的是，我国只能算是个蛋品产业弱国。目前，在我国的蛋鸡生产中超过80%的鸡蛋来自于不足1万只的小规模鸡场和农户散养，而由规模化、产业化的品牌大厂生产的产品不足20%。本项目产品的品牌优势和品种优势明显，同时有成熟的市场销售渠道，市场潜力巨大。

● **风险评估**　项目实施可能会受到饲料价格波动和禽畜疫病的影响，同时存在一定的销售压力和管理风险，但是在已有成熟技术、完善的养殖管理方法条件下，能够降低养殖成本和疫病风险，公司畅通的销售渠道也可在较大程度上降低销售风险。

● **制约因素及解决方案**　畜禽疫病不定期发生是本项目面临的制约因素，也难以预测，公司将紧密联系××大学各位专家并配合当地畜牧局及时提供防疫等技术服务，同时对饲养人员进行防疫技术培训，密切监测疫情的情况，争取早发现，早控制。

七、结论与建议

通过本项目的实施，充分发挥了当地自然资源优势与企业的技术优势，促进了养殖产业的产业化、一体化、规模化发展，将当地的环境优势转化成为产品资源、市场资源和经济资源。

当前，本项目前期工作顺利进行，为项目建设打下了坚实的基础，但仍存在一些亟待解决的问题，对这些问题提出如下建议：

➢ 建议××有限公司抓紧组织好工程建设的前期准备工作，进一步落实好必要的配套条件，做好各项协调工作，确保项目建设的顺利实施。

➢ 建议××有限公司加强与各单位的合作，加快技术、管理等人才的引进，加快技术培训和管理制度的建设。

➢ 建议××有限公司做好农户生产意愿调查，根据调研进一步完善“公司+基地+农户”产业链和利益联盟机制。

➢ 建议××有限公司与国家、省、市农业综合开发机构密切合作，争取国家给予财政支持和税收优惠。

附录　蛋鸡标准化示范场验收评分标准

<table>
<tr><td colspan="6">申请验收单位：　　　　　　　　　　　　验收时间：　　年　　月　　日</td></tr>
<tr><td rowspan="4">必备条件（任一项不符合不得验收）</td><td colspan="2">1.场址不得位于《中华人民共和国畜牧法》明令禁止区域，并符合相关法律法规及区域内土地使用规划</td><td colspan="3" rowspan="4">可以验收□
不予验收□</td></tr>
<tr><td colspan="2">2.具备县级以上畜牧兽医部门颁发的《动物防疫条件合格证》，两年内无重大疫病和产品质量安全事件发生</td></tr>
<tr><td colspan="2">3.具有县级以上畜牧兽医行政主管部门备案登记证明；按照农业部《畜禽标识和养殖档案管理办法》要求，建立养殖档案</td></tr>
<tr><td colspan="2">4.产蛋鸡养殖规模（笼位）在1万只以上</td></tr>
<tr><td>验收项目</td><td>考核内容</td><td>考核具体内容及评分标准</td><td>满分</td><td>得分</td><td>扣分原因</td></tr>
<tr><td rowspan="7">一、选址与布局（20分）</td><td rowspan="2">（一）选址（6分）</td><td>距离生活饮用水源地、居民区和主要交通干线、其他畜禽养殖场及畜禽屠宰加工、交易场所500米以上，得3分</td><td>3</td><td></td><td></td></tr>
<tr><td>地势高燥，通风良好，远离噪音，得3分</td><td>3</td><td></td><td></td></tr>
<tr><td rowspan="3">（二）基础设施（6分）</td><td>饮用水源稳定，并有水质检验报告，得1分；有贮存、净化设施，得1分</td><td>2</td><td></td><td></td></tr>
<tr><td>电力供应充足有保障，得2分</td><td>2</td><td></td><td></td></tr>
<tr><td>交通便利，有专用车道直通到场，得2分</td><td>2</td><td></td><td></td></tr>
<tr><td rowspan="3">（三）场区布局（8分）</td><td>场区四周有围墙，防疫标志明显，得2分</td><td>2</td><td></td><td></td></tr>
<tr><td>场区内办公区、生活区、生产区、粪污处理区分开得3分，部分分开得1分</td><td>3</td><td></td><td></td></tr>
<tr><td></td><td></td><td>采用按区全进全出饲养模式，得3分；采用按栋全进全出饲养模式，得2分</td><td>3</td><td></td><td></td></tr>
</table>

（续）

验收项目	考核内容	考核具体内容及评分标准	满分	得分	扣分原因
二、设施与设备（33分）	（一）鸡舍（5分）	鸡舍为全封闭式得4分，半封闭式得3分，开放式得1分，简易鸡舍不得分	4		
		鸡舍有防鼠防鸟等设施设备，得1分	1		
	（二）饲养密度（2分）	笼养产蛋鸡饲养密度≥500厘米^2／只，得2分；380厘米^2／只≤产蛋鸡饲养密度＜500厘米^2／只，得1分，低于380厘米^2／只，不得分	2		
	（三）消毒设施（4分）	场区门口有消毒池，得2分	2		
		有专用消毒设备，得2分	2		
	（四）养殖设备（16分）	有专用笼具，得2分	2		
		有风机和湿帘通风降温设备，得5分，仅用电扇作为通风降温设备，得2分	5		
		有自动饮水系统，得3分	3		
		有自动清粪系统，得2分	2		
		有储料库或储料塔，得2分	2		
		有自动光照控制系统，得2分	2		
	（五）辅助设施（6分）	有更衣消毒室，得2分	2		
		有兽医室并具备常规的检验化验条件，得2分	2		
		有专用蛋库，得2分	2		

（续）

验收项目	考核内容	考核具体内容及评分标准	满分	得分	扣分原因
三、管理及防疫（26分）	（一）管理制度（4分）	有生产管理制度、投入品使用管理制度，制度上墙，执行良好，得2分	2		
		有防疫消毒制度并上墙，执行良好，得2分	2		
	（二）操作规程（4分）	有科学的饲养管理操作规程，执行良好，得2分	2		
		有科学合理的免疫程序，执行良好，得2分	2		
	（三）档案管理（16分）	雏鸡来自有《种畜禽生产经营许可证》的种鸡场，具备《动物检疫合格证明》和《种畜禽合格证明》，记录品种、来源、数量、日龄等情况。记录完整得3分，不完整适当扣分	3		
		有完整生产记录，包括日产蛋、日死淘、日饲料消耗及温湿度等环境条件记录。记录完整得4分，不完整适当扣分	4		
		有饲料、兽药使用记录，包括使用对象、使用时间和用量记录。记录完整得3分，不完整适当扣分	3		
		有完整的免疫、抗体监测及病死鸡剖检记录。记录完整得3分，不完整适当扣分	3		
		有两年内（建场低于两年，则为建场以来）每批鸡的生产管理档案，记录完整得3分，不完整适当扣分	3		
	（四）专业技术人员（2分）	有1名以上经过畜牧兽医专业知识培训的技术人员，持证上岗，得2分	2		
四、环保要求（15分）	（一）粪污处理（5分）	有固定的鸡粪储存、堆放设施和场所，储存场所有防雨、防渗漏、防溢流措施。满分为3分，有不足之处适当扣分	3		
		有鸡粪发酵或其他处理设施，或采用农牧结合良性循环措施。满分为2分，有不足之处适当扣分	2		
	（二）病死鸡无害化处理（5分）	配备焚尸炉或化尸池等病死鸡无害化处理设施，得3分	3		
		有病死鸡无害化处理记录，得2分	2		
	（三）环境卫生（5分）	净道、污道严格分开，得3分；有净道、污道，但没有完全分开，适当扣分；不区分净道和污道者不得分	3		
		场区整洁，垃圾集中堆放，得2分	2		

（续）

验收项目	考核内容	考核具体内容及评分标准	满分	得分	扣分原因
五、生产水平（6分）	（一）产蛋率（4分）	饲养日产蛋率≥90%维持4周以下，不得分；饲养日产蛋率≥90%维持4～8周，得1分；饲养日产蛋率≥90%维持8～12周，得2分；饲养日产蛋率≥90%维持12～16周，得3分；饲养日产蛋率≥90%维持16周以上，得4分	4		
	（二）死淘率（2分）	育雏育成期死淘率（鸡龄≤20周）≥10%，不得分；6%≤育雏育成期死淘率＜10%，得0.5分；育雏育成期死淘率＜6%，得1分	1		
		产蛋期月死淘率（鸡龄≥20周）≥1.5%，不得分；1.2%≤产蛋期月死淘率＜1.5%，得0.5分；产蛋期月死淘率＜1.2%，得1分	1		
总　分			100		

验收专家签字：

参考文献

陈呈刚 . 2010 .应用过氧乙酸与甲醛对鸡蛋熏蒸消毒效果的研究[J].国外畜牧学（猪与禽）(4)：72-73.

陈瑞爱，詹煊子 . 2009.不同消毒方法对种蛋消毒效果和孵化成绩的影响[J].中国家禽(10)：41-43.

程军波，范梅华 . 2010.我国蛋品加工设备行业大盘点[J].中国禽业导刊（15）：2-7.

崔恒敏 . 2011.动物营养代谢疾病诊断病理学[M].北京：中国农业出版社 .

父母代海兰蛋鸡饲养管理手册 . http://wenku.baidu.com/view/ee155ff69e31433239689361.html.

海兰蛋鸡饲养管理手册 .http://www.docin.com/p-164112077.html.

鸡视频：Moba FL500 型上蛋系统 .http://v.youku.com/v_show/id_XMzAwMDg5OTcy.html

闫文杰，宁佳妮，安慧芬，等 . 2010.蛋保鲜技术研究进展[J].中国食物与营养（10）：31-34.

家禽的孵化 .http://www.docin.com/p-135163526.html.

李翠萍 . 1987.雏禽孵化与雌雄鉴别[M].沈阳：辽宁科学技术出版社 .

李虎 . 2009.不同的饲养模式对宁海土鸡生产性能的影响[J].畜牧与饲料科学（5）：82.

李良德，白斌 . 2010.不同输精方法对鸡种蛋受精率的影响[J].家禽科学（10）：39-40.

李晓东 . 2005. 蛋品科学与技术[M].北京：化学工业出版社 .

李湛 . 2010.公鸡精液品质的鉴定及注意事项[J].今日畜牧兽医（11）：38.

罗曼父母代饲养管理手册 .http://www.hdyk.com.cn/shoucelist.aspx?cat_id=86.

农大 3 号鸡饲养管理手册 .http://wenku.baidu.com/view/6e2964e9b8f 67c1cfad6b8c1.html.

邱祥聘 . 1991. 家禽学[M].成都：四川科学技术出版社 .

视频：深圳振野蛋品机械设备有限公司 .http://www.zyegg.com/?bdclkid=aSk_JKDvXSJ1vVCqhES9XN31fFKK0gscgdY5fv_RtBjP.

孙皓，王艳平，刘爱巧，等 .2001. 饲养模式对蛋种鸡生产性能的影响[J].农村养殖技术(13)：16.

谭千洪，张兆旺，范首君，等 . 2011. 提高种公鸡繁殖性能的技术措施[J].中国家禽(1)：51-52.

王庆民，宁中华 . 2008.家禽孵化与雏禽雌雄鉴别[M].北京：金盾出版社 .

王树岩，张春艳，任艳颖. 2011.种蛋表面病原菌的检测与消毒方法[J].养殖技术顾问（5）：193.

王文涛，马美湖. 2009. 国外鲜蛋清洗消毒关键技术[J].农产品加工（7）：10-11.

王新华. 2008.鸡病诊疗原色图谱[M].北京：中国农业出版社.

新罗曼褐蛋鸡饲养管理手册.http://www.docin.com/p-56343239.html.

杨宁. 2002. 家禽生产学[M].北京：中国农业出版社.

杨山. 1994. 家禽生产[M].北京：中国农业出版社.

杨伟平，阮智明，白润成. 2010.鸡蛋保鲜技术的应用现状与展望[J].广东农业科学，37（7）：142-143.

峪口蛋鸡京红1号父母代蛋种鸡饲养管理手册.http://www.hdyk.com.cn/shoucelist.aspx?cat_id=311.

峪口蛋鸡京红1号京粉1号商品代蛋鸡饲养管理手册.http://www.hdyk.com.cn/shoucelist.aspx?cat_id=397.

岳华、汤承. 2002.禽病临床诊断彩色图谱[M].成都：四川科学技术出版社.

图书在版编目（CIP）数据

蛋鸡标准化规模养殖图册 / 朱庆主编. —北京：中国农业出版社，2013.1

（图解畜禽标准化规模养殖系列丛书）

ISBN 978-7-109-16417-8

Ⅰ. ①蛋… Ⅱ. ①朱… Ⅲ. ①卵用鸡—饲养管理—图解 Ⅳ. ①S831.4-64

中国版本图书馆CIP数据核字（2011）第268421号

中国农业出版社出版

（北京市朝阳区农展馆北路2号）

（邮政编码 100125）

责任编辑 颜景辰

北京通州皇家印刷厂印刷 新华书店北京发行所发行

2013年1月第1版 2013年1月北京第1次印刷

开本：787mm × 1092mm 1/16 印张：11.75

字数：202千字

定价：96.00元